MYKOLA BOGOMOLOV
MOHANAD ABUAMRA

MODELO INFORMÁTICO DE PADRÕES DE INTERFERÊNCIA DE SPECKLE DE BIOOBJECTOS

MYKOLA BOGOMOLOV
MOHANAD ABUAMRA

MODELO INFORMÁTICO DE PADRÕES DE INTERFERÊNCIA DE SPECKLE DE BIOOBJECTOS

imagens de manchas derivadas de interferometria de manchas

ScienciaScripts

Imprint

Cover image: www.ingimage.com

This book is a translation from the original published under ISBN 978-620-7-65395-9.

Publisher:
Sciencia Scripts
is a trademark of
Dodo Books Indian Ocean Ltd. and OmniScriptum S.R.L publishing group

120 High Road, East Finchley, London, N2 9ED, United Kingdom
Str. Armeneasca 28/1, office 1, Chisinau MD-2012, Republic of Moldova, Europe
Printed at: see last page
ISBN: 978-620-7-77673-3

MYKOLA BOGOMOLOV, MOHANAD ABUAMRA

MODELO INFORMÁTICO DE PADRÕES DE INTERFERÊNCIA DE SPECKLE DE BIOOBJECTOS

RESUMO

Na atual fase de avanço da ótica de dispersão da luz, pode afirmar-se que a teoria geral da dispersão se encontra atualmente num estado satisfatório, embora incompleto. No entanto, as técnicas experimentais específicas, nomeadamente os aparelhos de medição necessários, continuam subdesenvolvidas. Esta circunstância sublinha objectivos científicos fundamentais pertinentes, nomeadamente o exame meticuloso dos fenómenos de dispersão em entidades tangíveis através de modelos matemáticos ou da medição direta dos parâmetros ópticos da matéria com base em princípios estabelecidos. No entanto, estes padrões não foram tidos em conta nas técnicas de medição convencionais. Consequentemente, a resolução desta questão poderia aumentar substancialmente a precisão das medições e a fiabilidade do controlo de objectos biológicos e dos resultados de diagnóstico.

A dissertação examina as técnicas aproximadas existentes para a dispersão simulada por computador, que são rápidas e simples, mas não têm limites de aplicabilidade claramente definidos, juntamente com investigações experimentais e a análise de dados experimentais de uma instalação laboratorial para avaliar parâmetros de micro-objectos biológicos.

Palavras chave: Radiação laser, sangue, campos de speckle, correlação cruzada, difração.

ÍNDICE DE CONTEÚDOS

INTRODUÇÃO

Atualmente, devido à contaminação do ambiente, à evolução e ao aparecimento de novas estirpes de vírus, à degradação do património genético humano, existe uma necessidade de avanços medicinais, nomeadamente o exame preliminar das doenças.

Atualmente, a análise laboratorial é um procedimento moroso e dispendioso que exige reagentes e instalações adequadas. Consequentemente, estão em curso numerosos esforços e experiências para acelerar ou simplificar a análise laboratorial. As metodologias e tecnologias utilizadas variam.

Na atual fase de avanço da ótica de dispersão da luz, pode afirmar-se que a teoria geral da dispersão se encontra atualmente num estado satisfatório, embora incompleto. No entanto, as técnicas experimentais específicas, nomeadamente os aparelhos de medição necessários, continuam subdesenvolvidas. Esta circunstância sublinha objectivos científicos fundamentais pertinentes, nomeadamente o exame meticuloso dos fenómenos de dispersão em entidades tangíveis através de modelos matemáticos ou da medição direta dos parâmetros ópticos da matéria com base em princípios estabelecidos. No entanto, estes padrões não foram tidos em conta nas técnicas de medição convencionais. Consequentemente, a resolução desta questão poderia aumentar substancialmente a precisão das medições e a fiabilidade do controlo de objectos biológicos e dos resultados de diagnóstico.

A dissertação examina as técnicas aproximadas existentes para a dispersão simulada por computador, que são rápidas e simples, mas não têm limites de aplicabilidade claramente definidos, juntamente com investigações experimentais e a análise de dados experimentais de uma instalação laboratorial para avaliar parâmetros de micro-objectos biológicos.

No âmbito da dissertação, foi concebido um algoritmo rápido de análise de objectos biológicos, utilizando imagens speckle derivadas da interferometria speckle. Esta abordagem baseia-se na correlação cruzada de imagens, seguida de avaliação e análise estatística. A análise estatística dos dados revela zonas distintas que ajudam na avaliação preliminar.

As aplicações potenciais desta inovação são diversas. Por exemplo, pode ser utilizada para avaliar os níveis de pureza da água. No entanto, o principal domínio de aplicação desta metodologia é a medicina.

1. FUNDAMENTOS DA INTERACÇÃO DA RADIAÇÃO LASER COM BIO-OBJECTOS

1.1 Radiação laser

Um laser funciona estimulando átomos ou moléculas a emitirem energia sob a forma de luz coerente em ambientes onde os níveis de energia são invertidos, o que significa que certos comprimentos de onda da luz são amplificados. Os ressoadores ópticos, constituídos por espelhos com coeficientes de reflexão específicos que variam tipicamente entre 75-99% para o espelho primário e 98% para o espelho "cego", facilitam este processo fornecendo feedback [1]. Os espelhos permitem múltiplas passagens do feixe de luz através do meio amplificador (normalmente 50-300 passagens), compensando eventuais perdas de luz no sistema através do reforço do meio ativo e da geração de emissões [2]. A população de átomos e moléculas nos níveis de energia superiores e inferiores é influenciada pela taxa de bombagem e pela taxa de relaxação dos níveis (o recíproco dos seus tempos de vida), como se pode ver na Figura. 1, o que explica a disparidade dos níveis populacionais [3]:

$$N_a - N_b = \frac{\Lambda_a}{\gamma_b} - \frac{\Lambda_b}{\gamma_a}$$

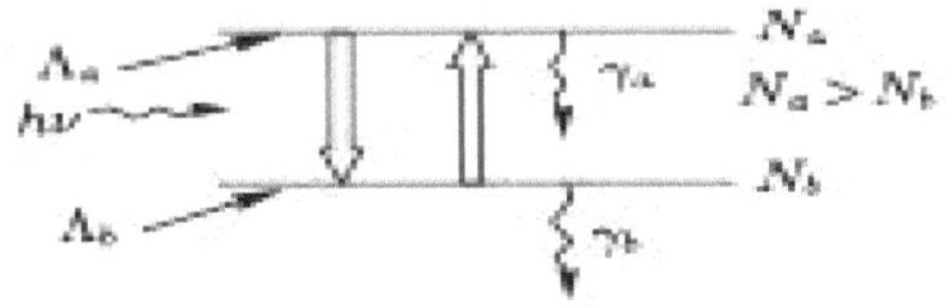

Figura 1- Esquema em dois níveis para gerar uma inversão do meio ativo (- populações dos níveis de energia perturbados superior e inferior das moléculas do meio ativo; - taxas de bombagem respectivas dos níveis; - taxas de relaxação dos níveis; - energia de um fotão (as setas a negrito indicam transições indutivas)

A amplificação da luz no sistema é viável se for estabelecida uma população invertida, assegurando a prevalência da emissão estimulada (ver Fig. 1, seta reta para baixo) sobre a absorção estimulada (seta reta para cima) e o decaimento espontâneo do estado excitado (seta ondulada para baixo). A inversão pode ser induzida por emissão estimulada (a um nível) ou por desexcitação (a outro nível). Dependendo do meio ativo e do método de excitação, a inversão pode persistir de forma contínua ou transitória, classificando assim os lasers em variedades de onda contínua e pulsada. Vários estados da matéria podem servir como meios activos, incluindo gases, líquidos e sólidos, o que leva à classificação dos lasers em variantes de estado gasoso, líquido e sólido. Os tipos de laser diferem ainda pelos seus mecanismos de bombagem: ótico, descarga eléctrica, químico ou injeção.

A figura 2 ilustra uma representação esquemática de um sistema laser. São concebíveis configurações mais complexas, como as que incorporam ressoadores com vários espelhos, elementos ópticos intra-ressonadores ou espelhos incorporados no meio ativo. Ao contrário das fontes de luz térmicas convencionais, que emitem principalmente devido a transições espontâneas dos estados excitados para o estado fundamental (como ilustrado na Figura 1), a emissão laser decorre de processos estimulados e de mecanismos de retroação, resultando em propriedades distintas, como elevada monocromaticidade, coerência espacial e temporal, direccionalidade, polarização, brilho intenso, durações de impulsos ultracurtas e sintonização do comprimento de onda]3].

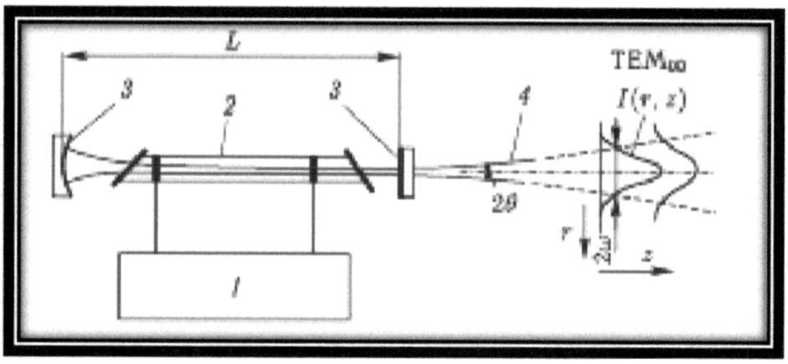

Figura. 2 - Diagrama esquemático do laser (L - comprimento do ressoador; z, r - coordenadas longitudinais e transversais; I (r , z) - intensidade de radiação no ponto (r , z); 1 - bombagem; 2 - elemento ativo; 3 - espelhos; 4 - feixe laser)

1.2 Aplicações dos lasers na ciência, tecnologia e medicina .

O avanço da tecnologia laser facilitou o aparecimento de um domínio científico e técnico significativo - a aplicação de radiação electromagnética monocromática coerente em conjunto com sistemas biológicos, conhecida como medicina laser. As investigações sobre a radiação laser abrangeram áreas como a monitorização de processos em sistemas biológicos e o estudo das suas reacções à exposição ao laser, a utilização de lasers para diagnósticos e tratamentos médicos e a avaliação das implicações da radiação laser na segurança da saúde humana. Atualmente, os lasers têm aplicações bem sucedidas em cirurgia, oncologia, oftalmologia, terapia, medicina dentária, urologia, ginecologia, cirurgia maxilofacial, neurocirurgia, endoscopia e fisioterapia. A descoberta do efeito fotohidráulico do laser abriu um vasto leque de oportunidades na cirurgia plástica. Em oncologia, a radiação laser de baixa intensidade é utilizada para o tratamento de feridas, úlceras e doenças dermatológicas [4].

1.3 Objectos de ação laser

A medicina laser permite a correção da saúde humana em vários níveis do corpo: molecular, celular, de órgão e de organismo. Os principais objectivos da exposição ao laser podem ser classificados em três grupos.

O primeiro grupo engloba alvos de irradiação direta: entidades patogénicas, pontos de ativação de reflexos, regiões intracavitárias e intravasculares, bem como pontos biologicamente activos, incluindo pontos de acupunctura. Estes alvos servem de pontos focais para o feixe laser. É imperativo que a sua seleção seja cuidadosamente justificada.

O segundo grupo inclui alvos que actuam como receptores específicos da luz: certas enzimas (como a catalase, a superoxidase, o complexo óxido citocromo), o oxigénio molecular e o oxigénio singlete, os eritrócitos, os leucócitos, as plaquetas, etc. Estes receptores específicos estão ligados aos processos de absorção da radiação laser em frequências de ressonância distintas, resultando, em última análise, em efeitos terapêuticos sustentados (desde que a potência ou a energia da radiação laser se mantenha abaixo do limiar para causar danos).

O terceiro grupo inclui alvos que funcionam como receptores de luz não específicos: proteínas, enzimas, aminoácidos, pigmentos e fluidos biológicos (como o plasma, a linfa e a água intracelular), cujo mecanismo de absorção da radiação permanece incompletamente compreendido.

Ambos os tipos de receptores de luz servem como catalisadores para iniciar reacções fotobiológicas no organismo vivo, cujos subprodutos ajudam a estimular órgãos e sistemas essenciais responsáveis pela resiliência e capacidade de regeneração. Esta estimulação leva à síntese adicional de proteínas, elementos biologicamente activos e substâncias biológicas, manifestando assim efeitos terapêuticos como acções bactericidas, anti-inflamatórias, analgésicas, dessensibilizantes, anti-edematosas e imunoreactivas. Estudos recentes sugerem também os efeitos antitumorais da radiação laser. A irradiação laser de baixa intensidade normaliza os níveis de linfócitos B, diminui o nível de células endoteliais circulantes, aumenta a atividade fagocitária dos neutrófilos, aumenta os níveis de lisozima e de complemento e aumenta a atividade das células assassinas naturais em 1,5-3 vezes nos casos de níveis inicialmente baixos [3].

1.4 Penetração da radiação no biotecido:

Os raios laser que atingem objectos biológicos são reflectidos, dispersos e absorvidos pela camada superficial da pele, sendo que apenas alguns conseguem entrar. A capacidade de absorção do tecido depende em grande medida do comprimento de onda da radiação. (Fig. 3) ilustra a relação típica entre a absorção do tecido biológico e o comprimento de onda da radiação.

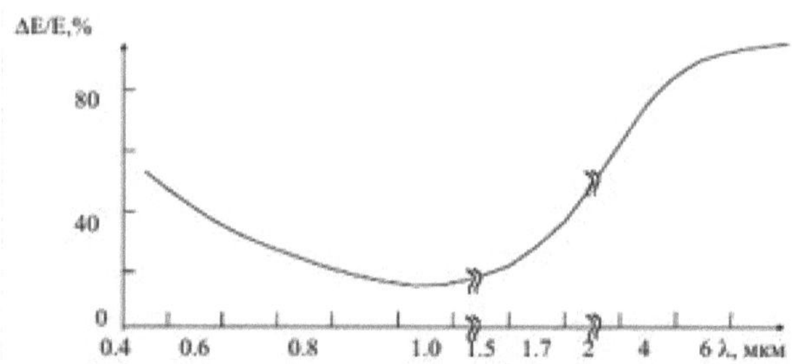

(Fig. 3. - Espectro de absorção típico de um biotecido)

Como se pode ver, a radiação ultravioleta (UV), fortemente absorvida pelas proteínas, praticamente não penetra nos tecidos biológicos. Quando os fotões são absorvidos nesta região do espetro (a um comprimento de onda de 200 nm, a energia do fotão é de 6,2 eV), as moléculas individuais dissociam-se. Por exemplo, as ligações covalentes entre o carbono e o oxigénio são destruídas (a energia da ligação é de 6,3 eV). Na região visível do espetro de energia, a quantidade de radiação laser é menor, mas suficiente para a rutura, a dissociação e as transformações fotoquímicas. Assim, a um comprimento de onda de 600 nm, a energia de um quantum de 2,06 eV é próxima da energia de ligação do carbono e do azoto. A luz nesta região do espetro é absorvida principalmente pelo grupo cromóforo nas moléculas de proteínas [3], sobretudo pelo oxigénio. O papel mais importante nesta região pertence a substâncias como a hemoglobina e a melanina. Mas as radiações visíveis e de infravermelhos próximos (IV) são pouco absorvidas e penetram suficientemente fundo nos biotecidos. A radiação com um comprimento de onda de cerca de 1 µm (gama de infravermelhos próximos) penetra nos tecidos a uma profundidade de mais de 1 cm.

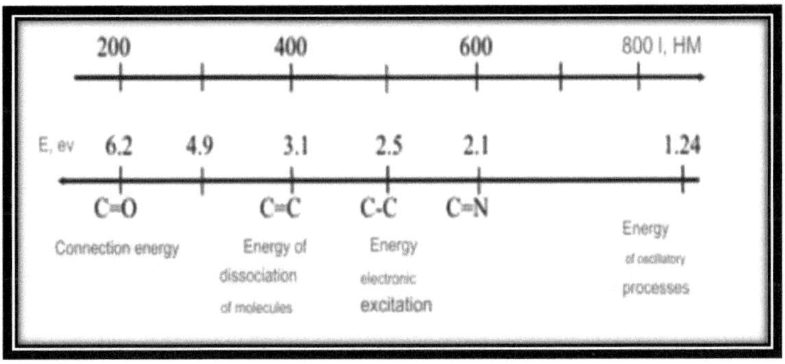

Figura. 4-Energias dos fotões e energia das ligações químicas nos biossubstratos

A energia radiante dentro dos limites do espetro (de 0,75 a 3 µm) é predominantemente absorvida dentro da proteína pelo oxigénio, enquanto que na porção de IV distante do espetro (para além de 3 µm), é absorvida pelas moléculas de água, oxigénio e dióxido de carbono. Esta absorção substancial da radiação IR resulta numa penetração limitada nos tecidos. A atividade fotobiológica só está presente na luz absorvida. Dois factores são fundamentais: 1 - a energia total absorvida (contagem quântica) por unidade de tempo e 2 - o quantum absorvido (energia quântica). A dispersão da luz pelos tecidos biológicos é também crucial na seleção de uma fonte de radiação para procedimentos médicos. Depende do comprimento de onda da radiação e da composição do tecido. Os tecidos com elevada absorção no espetro UV apresentam uma dispersão mínima. No espetro visível, a dispersão é proporcional à absorção. No infravermelho próximo, a dispersão domina a absorção. A dispersão "para trás", essencialmente reflexão, é uma forma especial de dispersão. Na gama do infravermelho próximo, pode constituir até 60% da radiação incidente na pele. Devido à estrutura em camadas da pele, a interação radiação-tecido é complexa. O estrato córneo da pele reflecte cerca de 5-7% da radiação incidente. As irregularidades microscópicas na interface "ar - estrato córneo" difundem a luz colimada aquando da reflexão. A maior parte da reflexão da pele no UV próximo, no visível e no infravermelho próximo deve-se à retrodifusão pelas camadas da pele (epiderme e derme). A análise espetral do sinal refletido pode produzir dados quantitativos sobre o teor de bilirrubina nos tecidos ou no sangue, os níveis de oxigenação do sangue ou as concentrações de fármacos, o que está na base de vários métodos de diagnóstico. Por outro lado, uma parte significativa da luz dentro da "janela terapêutica" (0,6 - 1,5 µm) penetra profundamente no corpo, constituindo a base da fototerapia [3].

Ao examinar a dispersão e absorção da luz pelos tecidos biológicos, assume-se normalmente uma dispersão homogénea dos locais de dispersão e absorção. Na maioria dos casos, são registados três casos extremos:

2. A atenuação do feixe laser ocorre principalmente devido à reflexão e absorção de Fresnel. A intensidade da luz passada é determinada pela lei de Bouguer-Lambert-Behr:

$$I = I_0 \cdot e^{-kl}$$

em quc k ć o cocficiente de extinção, , $k = a + s$ a é o coeficiente de absorção, é o coeficiente de perda devido à dispersão (k e s são medidos em , $cм^{-1}$ l - em $cм$).

2. A dispersão anisotrópica distingue-se por uma marcada direccionalidade da dispersão, que para a maioria dos tecidos biológicos se alinha com a direção de propagação da radiação incidente. Uma descrição matemática precisa da propagação da luz num meio turvo pode ser obtida utilizando as equações de Maxwell. Uma abordagem menos precisa, mas mais simples, envolve a utilização da teoria de transferência de radiação (para baixas concentrações de partículas dispersoras - modo de dispersão única) ou a utilização do método de Monte Carlo baseado na simulação numérica do transporte de fotões no meio de dispersão (tendo em consideração a dispersão múltipla - o cenário de numerosos centros de dispersão) [3].

Em condições de dispersão isotrópica, em que a dispersão domina a absorção, a distribuição da radiação laser no tecido biológico afasta-se da lei de Bouguer-Lambert-Behr. Consequentemente, torna-se difícil determinar separadamente os coeficientes de absorção e de dispersão com base em medições da atenuação do feixe. Em vez disso, são derivados através de medições da reflectância difusa e da transmissão difusa de amostras de tecidos finos. A natureza da interação da radiação com o biotecido deve ser considerada ao calcular as doses de energia absorvida e ao implementar medidas de proteção, particularmente para o pessoal de serviço.

1.5 Sangue. Propriedades do sangue e suas funções

Optamos pela circulação como foco principal da nossa investigação, dado que a maioria das disfunções corporais se reflecte na circulação humana. Assim, este capítulo irá delinear as principais características e constituição da circulação.

1.5.1 Composição do sangue

A circulação compreende o componente fluido do soro e os elementos celulares suspensos no seu interior: eritrócitos, leucócitos e trombócitos. A proporção de elementos celulares é de 40 - 45%, enquanto o soro constitui 55 - 60% do volume. Esta proporção é designada por rácio de hematócrito ou nível de hematócrito. Frequentemente [5], o nível de hematócrito refere-se ao volume de sangue dividido pela proporção de elementos celulares.

Os eritrócitos, também conhecidos como glóbulos vermelhos, contêm hemoglobina - um pigmento respiratório carmesim. Os leucócitos, ou glóbulos brancos, desempenham funções de proteção. Os trombócitos, ou plaquetas, são indispensáveis para a coagulação.

1.5.2 Funções do sangue

Ao chegar a todas as regiões do corpo, a circulação desempenha várias funções vitais:

❖ Função nutritiva. A circulação transporta oxigénio (O2) e nutrientes variados para as células dos tecidos, ao mesmo tempo que remove o dióxido de carbono (CO2) e outros subprodutos metabólicos.

❖ Função de transporte - transporte de diversas substâncias: oxigénio e dióxido de carbono (função respiratória), nutrientes (função trófica), mediadores, enzimas, electrólitos. O seu aspeto secretor manifesta-se no transporte de produtos finais do metabolismo - ureia, ácido úrico, excesso de água, substâncias orgânicas e minerais - para os órgãos excretores. A circulação transporta péptidos, iões e hormonas produzidos pelas glândulas endócrinas para os órgãos correspondentes, transmitindo assim "informação molecular" através de diferentes zonas (função humoral, reguladora).

- Capacidade hemostática. Em caso de hemorragia, a circulação envia numerosos leucócitos, leva o plasma a sair dos vasos ou concentra plaquetas - trombócitos - nos locais de perda de sangue.

- Papel da termorregulação. A circulação actua como um sistema térmico, distribuindo o calor pelo corpo.

- Regulação do pH. A circulação evita os desvios de acidez do meio interno (7,35-7,45) através de substâncias como as proteínas e os sais minerais.

- Função de proteção. Ao transportar leucócitos e anticorpos que protegem o corpo contra agentes patogénicos, a circulação ajuda a implementar tanto a imunidade não específica como a específica [6].

1.6 Propriedades ópticas do sangue

1.6.1 Absorção e dispersão da luz por um eritrócito.

A dispersão da radiação visível e do infravermelho próximo por um único eritrócito é uma preocupação muito importante para as medições da absorção e dispersão do sangue in vivo e in vitro. A interpretação quantitativa de experiências ópticas no sangue total exige uma compreensão clara do fenómeno da dispersão individual; assim, a dispersão da luz por um único eritrócito tem sido amplamente investigada por numerosos investigadores. Dependendo do objetivo de um determinado estudo, foram propostos, desenvolvidos e aplicados vários modelos de dispersão da luz por eritrócitos.

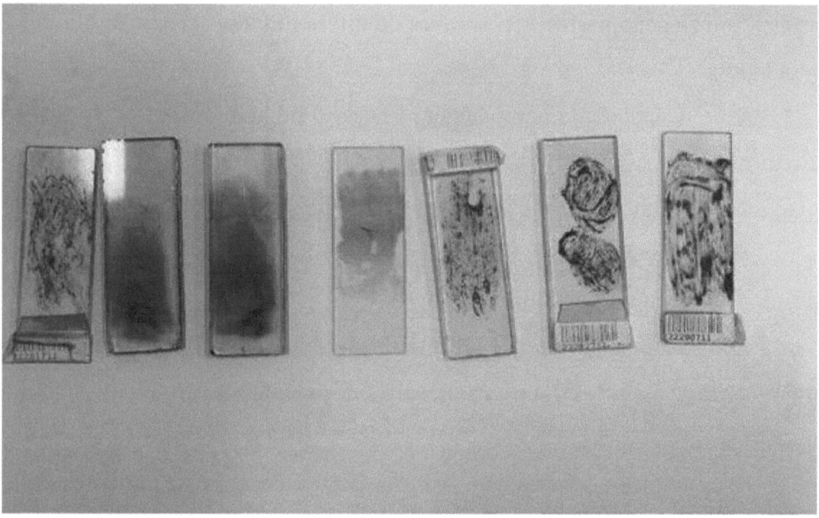

(Fig. 37- Amostras de sangue em lâminas)

A dispersão da luz por uma partícula depende das suas características ópticas, tais como a área de absorção transversal, a área de dispersão transversal, a função de fase de dispersão, etc. Apresentamos a definição destes parâmetros. Considere-se uma onda electromagnética plana de amplitude unitária que incide sobre uma partícula com uma constante dieléctrica relativa. Parte da radiação incidente é dispersa por esta partícula e a restante é absorvida (Figura 5).

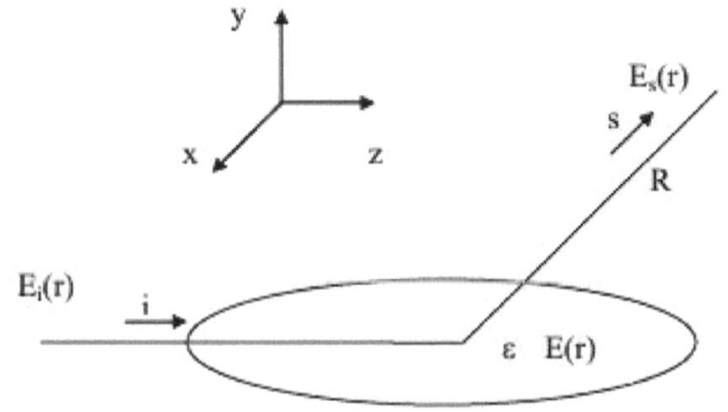

(Fig. 5- Dispersão de uma onda electromagnética plana por uma partícula dieléctrica).

Quando o campo eletromagnético disperso é observado a uma distância $R > \frac{D^2}{\lambda}$ - o tamanho caraterístico da partícula λ - o comprimento de onda da luz incidente), é dado pela expressão:

$$E_s(\mathrm{r}) = \frac{f(\mathrm{s},\mathrm{i}) \cdot \exp(\mathrm{ikR})}{R}$$

em que $f(\mathrm{s},\mathrm{i})$ é a amplitude de dispersão na zona afastada na direção s quando a partícula é iluminada por uma onda plana que se propaga na direção $,i$ $k = \frac{2\pi}{\lambda}$ é o número de onda.

A área da secção transversal da dispersão de partículas é definida como:

$$\sigma_s = \int_{4\pi} \left| f(\mathrm{s},\mathrm{i}) \right|^2 d\omega$$

em que $d\omega$ é um ângulo infinitesimalmente pequeno.

A área de absorção transversal pode ser encontrada integrando o produto do quadrado do campo elétrico e a parte imaginária da constante dieléctrica da partícula pelo seu volume V :

$$\sigma_a = \int_V k \cdot \varepsilon' \left| E(\mathrm{r}') \right|^2 dV'$$

A soma da área de absorção transversal com a área de dispersão transversal é designada por área de extinção transversal:

$$\sigma_t = \sigma_a + \sigma_s$$

Se a $f(\mathrm{i},\mathrm{i})$ amplitude de dispersão direta for conhecida, a área de extinção transversal pode ser encontrada utilizando o teorema da dispersão direta:

$$\sigma_t = \frac{4\pi}{k} \operatorname{Im}\left[f(\mathrm{i},\mathrm{i}) \right] e_i$$

em que e_i é um vetor unitário na direção de polarização da onda incidente.

Outro aspeto significativo do fenómeno de dispersão simples é a distribuição da fase de dispersão. A dispersão angular da luz dispersa por uma partícula é influenciada pelas suas dimensões, forma e índice de refração relativo, juntamente com o comprimento de onda da luz que entra; esta dispersão é designada por função de dispersão de fase. Ela determina a quantidade de luz dispersa por uma partícula a partir da direção da luz incidente: s :

$$p(\mathrm{i},\mathrm{s}) = \frac{1}{\sigma_s}\left|f(\mathrm{i},\mathrm{s})\right|^2$$

Existem várias formas de normalizar a função de fase. Se a função de dispersão for considerada como uma distribuição de probabilidade, a condição de normalização requer que o seu integral sobre todos os ângulos seja igual a 1:

$$\int_{4\pi} p(\mathrm{i},\mathrm{s})\,\mathrm{d}\,\omega = 1,$$

em que $d\omega$ é um ângulo infinitesimalmente pequeno na direção s.

Presume-se frequentemente que a probabilidade de a luz se dispersar da direção i para a direção j depende apenas do ângulo entre estas duas direcções, ou seja

$$p(\mathrm{i},\mathrm{s}) = \mathrm{p}(\mathrm{is}) = \mathrm{p}(\cos\theta).$$

A avaliação da não uniformidade da função de dispersão de fase é delineada pelo valor médio do cosseno do ângulo de dispersão θ [7], conhecido como coeficiente de anisotropia:

$$\overline{\mu} = \int_{4\pi} p(\mathrm{is})(\mathrm{is})\,\mathrm{d}\,\omega$$

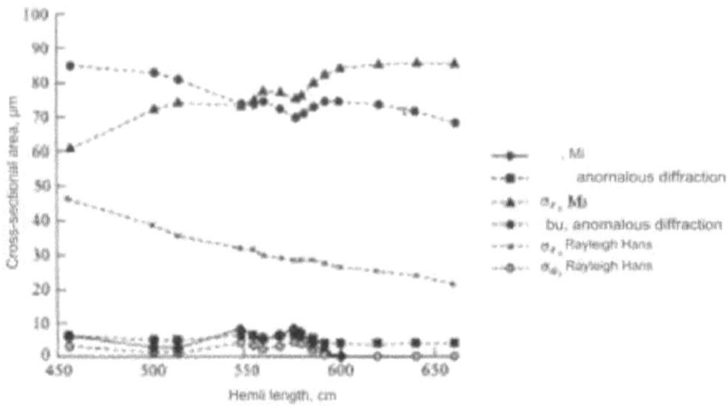

(Fig. 6 - Valores calculados das áreas de secção transversal de absorção e dispersão dos eritrócitos)

1.6.2 Determinação experimental do coeficiente de absorção da luz do sangue e do padrão de dispersão

O padrão de dispersão de fase e o coeficiente de absorção da luz podem ser avaliados diretamente através de técnicas ópticas, utilizando amostras individuais de sangue que sofrem uma dispersão única. As técnicas que permitem a medição das propriedades ópticas do tecido sem depender de modelos teóricos de propagação da luz são designadas por métodos directos. Vários investigadores realizaram experiências para determinar os coeficientes de absorção da luz e os padrões de dispersão de fase em vários comprimentos de onda do espetro visível.

As medições directas do padrão de fase de dispersão e do coeficiente de atenuação global requerem a utilização de amostras finamente espalhadas para excluir a dispersão múltipla e a interferência de ondas dispersas por eritrócitos vizinhos. Para garantir um único cenário de dispersão independente, as amostras de sangue total são normalmente diluídas com solução salina isotónica tamponada com fosfato para obter um valor baixo de hematócrito de cerca de 0,01. Para as medições ópticas, são utilizadas cuvetes finas com uma espessura que varia entre 10 e 30 μm. As experiências de dispersão simples são normalmente efectuadas com sangue estacionário, uma vez que o hematócrito de amostras de sangue significativamente diluídas em condições de fluxo não tem a estabilidade necessária dentro dos limites do ponto de luz [8].

São utilizadas várias configurações para medir o coeficiente de absorção de luz e o padrão de dispersão de fase. São utilizadas fontes de luz monocromática, como lasers, lâmpadas de xénon e lâmpadas de mercúrio acopladas a monocromadores, enquanto os fotomultiplicadores ou fotodíodos servem de detectores. Para medir o coeficiente de absorção da luz, são utilizadas aberturas adicionais para atenuar a influência da luz dispersa no sinal registado. Para medir o padrão de dispersão de fase, uma cuvete cheia de sangue é frequentemente submersa num recipiente cheio de água ou de uma solução fisiológica para minimizar as disparidades do índice de refração nos limites entre a cuvete e o meio.

Para garantir uma interpretação exacta dos resultados das medições, são efectuados ajustamentos adicionais para as descontinuidades do índice de refração nas interfaces vidro-médio e vidro-sangue da amostra, utilizando as fórmulas de Fresnel. As configurações experimentais possíveis para medir o coeficiente de absorção da luz e o padrão de fase de dispersão são ilustradas na Figura 7 [6], destacando as configurações para ambos os cenários.

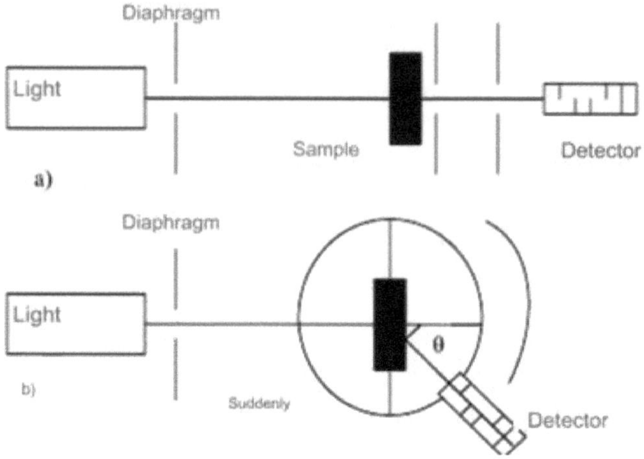

(Fig. 7 - Esquemas de medição do coeficiente de extinção (a) e da função de dispersão de fase (b)).

1.6.3 Dados sobre as propriedades ópticas do sangue humano diluído e total

Tabela. 1. As propriedades ópticas do sangue são determinadas a partir de experiências de dispersão simples e aproximadas.

λ, n.m	σ_a, µm	σ_s, µm	μ_t, $мм^{-1}$	$\bar{\mu}$	Método de determinação
665	0.060	57,20	0,747	0,9951	A teoria de Mi
675	0.060	56,14	0,744	0,9950	
685	0.059	55,09	0,739	0,9949	
955	0.191	33,47	0,666	0,9925	
960	0.187	33,18	0,666	0,9924	
965	0.185	32,90	0,665	0,9924	
665	0.542	56,58	0,738	0.9951	
675	0.535	55,53	0,735	0.9950	
685	0,484	54,56	0,731	0.9949	
955	0,090	33,54	0,668	0.9925	
960	0,085	33,27	0,667	0.9924	
630 660	0.099	56,37			Experiência

685,800	0.066	54.20			
632.8		63.82 81.24 66,62 79.27	0.709 0.903 0.740 0.881	0.9853 0.9818 0.9948 0.9926	Experiência .... A teoria de Mi ....
632.8			2.9	0.974	Experiência
577				0.997 0.9995	A teoria de Mi Teoria do RGD

Os dados apresentados provam que a alteração da aproximação utilizada para a função de dispersão de fase pode causar grandes diferenças nas propriedades ópticas. Por conseguinte, é necessário um conhecimento exato da função de dispersão de fase para determinar com precisão as constantes ópticas do sangue [3].

2. CARACTERÍSTICAS DA INTERFEROMETRIA SPECKL

2.1 O que são manchas?

Em meados do século XX, surgiu um novo domínio da ciência - a física dos lasers, cujo ponto alto foi o desenvolvimento dos lasers. A luz laser distingue-se de outras formas de radiação ótica pelo seu elevado grau de monocromaticidade e coerência espacial. Pouco depois da criação dos lasers, numerosos investigadores depararam-se simultaneamente com um fenómeno novo: quando a radiação laser interage com uma superfície rugosa, o padrão de difração assume um aspeto salpicado. Antes do aparecimento dos lasers, este fenómeno não tinha sido descoberto, uma vez que não existem equivalentes naturais à radiação laser. Os padrões de luz salpicados observados passaram a ser conhecidos como estruturas de speckle [10].

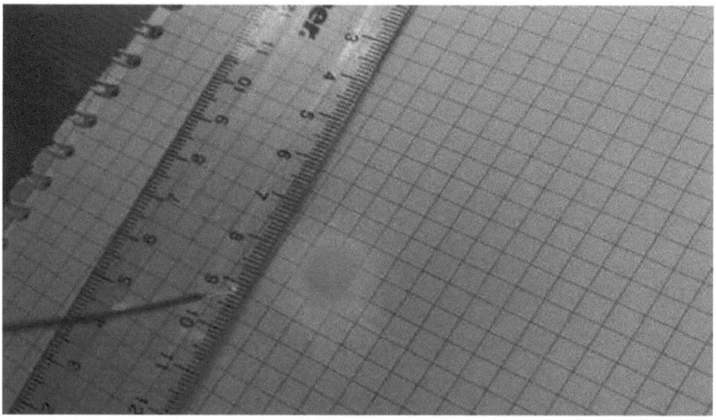

(Fig. 36 - speckle)

Porque é que se formam estas manchas de luz? A radiação laser, ao encontrar uma superfície rugosa ou ao atravessar um meio heterogéneo, sofre uma modulação aleatória. Esta modulação manifesta-se subsequentemente no padrão da radiação dispersa, tornando-a espacialmente não uniforme. Uma vez que o meio de dispersão é aleatório, as manchas de luz resultantes serão distribuídas aleatoriamente pelo plano de observação, variando em forma e tamanho.

É de notar que a maioria dos ambientes naturais apresenta algum grau de aleatoriedade. As superfícies tendem a ser rugosas, os meios a granel contêm inclusões aleatórias ou podem ser opticamente turvos. Por conseguinte, as manchas aparecem em quase todos os casos que envolvem radiação laser. Pouco depois da invenção dos lasers, surgiu um novo ramo da ótica: a ótica de manchas. A ótica de manchas centra-se no estudo dos padrões dos campos de manchas e na investigação das suas propriedades estatísticas. No entanto, muito antes do advento da ótica de manchas, foram dados passos significativos na radiofísica estatística. Este campo investiga a dispersão de ondas electromagnéticas em meios aleatórios. É evidente que não existe uma fronteira rígida que separe a ótica de manchas da radiofísica estatística. Além disso, os resultados da radiofísica são amplamente utilizados no estudo das manchas laser.

É interessante notar que os primeiros estudos sobre a dispersão de campos aleatórios por superfícies rugosas remontam à era de Rayleigh. No entanto, a leitura de artigos sobre ótica de manchas pode transmitir erradamente a impressão de que as manchas, descobertas apenas após a chegada dos lasers, representam uma entidade física inteiramente nova. Não é esse o caso. Podem ser gerados padrões aleatórios através da dispersão da radiação de rádio e da difração de campos acústicos. No entanto, ao contrário das ondas de luz, estes padrões são imperceptíveis ao olho humano.

Porque é que os investigadores se deixaram cativar pelas manchas de laser durante mais de 30 anos? Quando um laser serve de fonte de luz, a imagem resultante de um objeto fica salpicada de manchas. Essencialmente, as manchas comprometem a qualidade das imagens coerentes. No entanto, os padrões de manchas também podem ser vantajosos. Codificam informações sobre as propriedades do objeto sobre o qual a luz laser foi dispersa. Por exemplo, se o objeto em análise for uma superfície rugosa, as características das suas irregularidades podem ser inferidas a partir das propriedades das manchas resultantes.

Atualmente, a análise de speckle tem encontrado aplicações metrológicas generalizadas em vários domínios - desde a engenharia mecânica e o diagnóstico técnico até à medicina laser. Este artigo explora as principais categorias de campos de speckle e destaca as suas propriedades mais significativas [11].

2.2 Campos de speckles desenvolvidos

Esta forma de manchas é observada durante a difração de feixes laser largos numa superfície fortemente irregular ou num meio transparente aleatório com elevada dispersão. Considere-se o processo de aparecimento de tais manchas na região de difração distante. Uma parte da superfície exposta ao feixe pode ser representada como um conjunto de várias regiões que actuam como fontes independentes de ondas de luz secundárias. De acordo com o princípio de Huygens-Fresnel, a equação para a magnitude do campo disperso pode ser formulada como um somatório:

$$U^s = \sum_{n=1}^{N} E_n,$$

onde N - A quantidade de regiões independentes na superfície iluminada E_n área é a contribuição para o campo difractado da n -ésima região de dispersão. Apesar da sua extrema simplicidade, a expressão acima apresentada permite-nos examinar as características primárias das manchas desenvolvidas. O teorema do limite central em estatística é verificado. Este afirma que, sob condições relativamente amplas, a distribuição da variável aleatória total E_n tende para a distribuição delineada pela curva gaussiana, se $N \to \infty$. A distribuição mencionada é designada por normal ou gaussiana. Essencialmente, isto implica que, se a quantidade de não uniformidades na área da superfície iluminada for suficientemente grande, então a magnitude complexa do campo disperso adere à distribuição gaussiana. Entretanto, é irrelevante qual foi a estatística inicial dos constituintes individuais que contribuíram para o campo resultante U^s [7].

Na Fig. 8, é apresentado um esquema que descreve o processo de formação de um campo de manchas desenvolvido. As partes reais das amplitudes do campo disperso são representadas ao longo do eixo x e as partes imaginárias ao longo do eixo y. Cada ponto neste esquema corresponde a uma variação na realização do objeto de dispersão. Se a magnitude complexa do campo aderir à estatística gaussiana, então, neste caso, os pontos devem estar uniformemente dispersos por todo o esquema. Um atributo essencial das estruturas salpicadas é o contraste das manchas:

$$C = \frac{\sigma_1}{\langle I \rangle}$$

Onde σ_1 - c representa o desvio quadrático médio das flutuações de intensidade, calculado quando as realizações do objeto de dispersão mudam, $\langle I \rangle$ - Intensidade média. O contraste de speckle caracteriza a extensão da modulação espacial do campo disperso. É análogo à visibilidade das franjas de interferência, que são observadas durante a interferência de campos suaves. O contraste das manchas desenvolvidas é sempre igual a um.

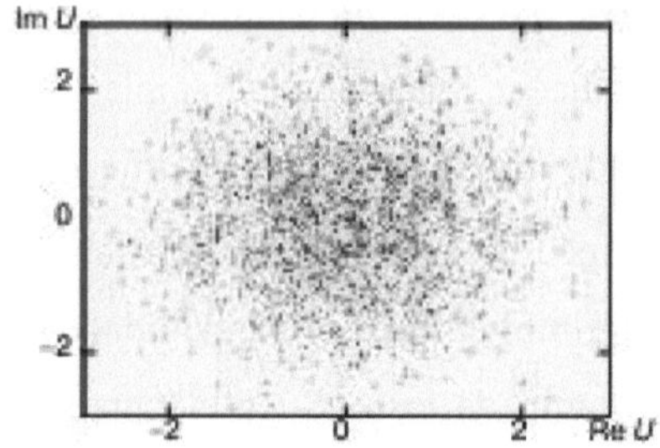

(Fig. 8-Ilustração do processo de formação de um campo de manchas desenvolvido)

A figura. 9 mostra uma parte de uma fotografia de um campo de manchas, que se forma quando uma superfície rugosa é iluminada por um raio laser. Observa-se que a extensão da modulação espacial da intensidade do campo disperso é considerável e que os pontos de luz estão separados uns dos outros por regiões com intensidade zero. No entanto, este facto, por si só, é insuficiente para classificar o campo de manchas considerado como desenvolvido. Para inferir que estamos a lidar com manchas desenvolvidas, é imperativo assegurar que as seguintes condições são satisfeitas:

- as estatísticas são gaussianas.
- o contraste de manchas é igual a um.
- todas as características estatísticas calculadas a partir de uma realização de manchas e as características obtidas pela média de numerosas realizações do campo de manchas são idênticas (esta propriedade de um campo aleatório é designada por ergodicidade).

(Fig. 9 - Fotografia de uma parte da realização do campo de manchas desenvolvido)

É de salientar que o tamanho médio das manchas na zona de difração distante não é geralmente afetado pelas propriedades estatísticas do objeto de dispersão. O tamanho médio da mancha é inteiramente determinado pela geometria de dispersão e pode ser determinado utilizando a fórmula:

$$d \approx \frac{z\lambda}{a}$$

Onde a - A dimensão da área iluminada na superfície de dispersão, λ - O comprimento de onda da radiação laser, z - A distância do plano de dispersão ao plano de observação. É fundamental sublinhar que a relação $\frac{\lambda}{a}$ caracteriza a propagação angular da difração do feixe laser no campo distante, o produto deste ângulo de divergência pela distância percorrida é equivalente à dimensão transversal do feixe. Assim, é evidente que o diâmetro do feixe de laser inalterado (especificamente, este valor está no lado direito da expressão mostrada acima), e o tamanho médio da mancha são aproximadamente iguais no plano de observação [12].

2.3 Mancha parcialmente desenvolvida

Os salpicos deste tipo formam-se, em regra, durante a difração de feixes de laser largos em superfícies pouco rugosas, transparências com baixa dispersão ou num ambiente aleatório caracterizado por um baixo coeficiente de dispersão. A formação de manchas parcialmente desenvolvidas pode ser considerada utilizando a relação.

$$U^s = E_0 + \sum_{n=1}^{N} E_n$$

Na equação acima descrita, E_0 denota a magnitude da onda não dispersa, que ultrapassa marcadamente em valor absoluto todos os outros termos do somatório. A representação (ilustrando a dispersão das amplitudes do campo no padrão de difração), obtida quando as implementações do campo incompletamente amadurecido são modificadas, é mostrada na Fig. 10. O vetor correspondente ao constituinte não disperso parece envolvido por uma pequena nuvem de ruído [13].

É de notar que o campo de manchas incompletamente amadurecidas se desvia do campo amadurecido devido à existência de um constituinte especular (onda não dispersa) no padrão de difração. Por conseguinte, o contraste das manchas de maturação incompleta é significativamente inferior à unidade. À medida que o grau de não uniformidade do objeto de dispersão aumenta, a magnitude do componente especular diminui e o campo de manchas incompletamente amadurecido passa a um campo amadurecido.

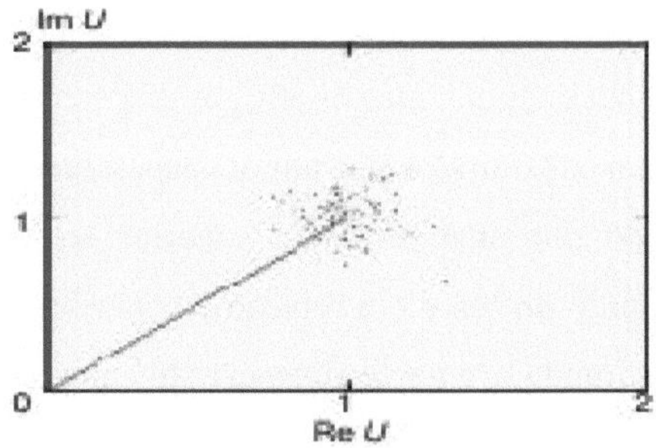

Fig. 10-Ilustração do processo de formação de um campo de manchas parcialmente desenvolvido

2.4 Dinâmica dos salpicos

Se a dispersão do feixe laser ocorre em superfícies estacionárias, então as partículas também estão estacionárias no plano de observação. O que acontecerá à implementação do campo de speckle se a superfície de dispersão for deslocada em relação ao feixe de laser na direção transversal? Neste cenário, é gerada uma nova representação. Se o deslocamento for insignificante em comparação com o diâmetro do feixe, então as duas manifestações consideradas do campo de speckle serão semelhantes entre si (uma vez que foram formadas em condições semelhantes). Mas mesmo com um ligeiro deslocamento do feixe, alguns espalhadores saem da área iluminada a partir de uma extremidade e novos espalhadores entram na área iluminada a partir da extremidade oposta. Os espalhadores na parte central da região iluminada da superfície permanecem inalterados, embora se desloquem ligeiramente em relação ao feixe. Consequentemente, devido à deslocação da rugosidade da superfície, a disposição dos dispersores sob o feixe e os próprios dispersores sofreram algumas alterações. Isto resultará em algumas disparidades na representação subsequente do campo de manchas em relação à anterior (indicando uma descorrelação parcial das manchas). É evidente que uma representação de manchas suplantará inteiramente a outra quando todos os antigos dispersores desocuparem a área iluminada e forem substituídos por novos dispersores. Isto ocorre quando o feixe é deslocado por uma distância superior ao seu diâmetro. Com o movimento contínuo do feixe em relação à superfície rugosa, os contornos dos pontos de luz mudam, e a manifestação do campo de manchas substitui-se constantemente. Este fenómeno é designado por dinâmica do speckle. Para o observador, parece que as manchas seguem de perto a superfície rugosa nas proximidades, enquanto na região distante, as manchas parecem agitadas. De facto, na região distante, o tamanho das manchas é muito maior do que o tamanho da parte iluminada da superfície. Antes que as manchas tenham a oportunidade de se deslocar um pouco ao longo da superfície, uma porção inteiramente nova da superfície de dispersão emerge sob o feixe. Simultaneamente, todas as manchas congeladas anteriormente desaparecem e novas se materializam. Na zona distante, algumas manchas fundem-se, parecendo fluir umas para as outras. Consequentemente, o observador não consegue discernir qualquer movimento direcional dos pontos, mas percebe apenas a cintilação ininterrupta de configurações salpicadas. No entanto, tanto nas regiões próximas como nas distantes, o ritmo de alteração das manifestações do campo de manchas é ditado pela velocidade do objeto espalhador. A dinâmica das manchas tem grande utilidade na metrologia laser para medir a velocidade de movimento de superfícies rugosas e fluxos aleatórios [14].

2.5 Formação da estrutura do speckle

Durante a iluminação consistente de objectos aleatoriamente heterogéneos, como, por exemplo, uma superfície irregular ou um meio transparente com um índice de refração espacialmente flutuante, surge um padrão de manchas no campo disperso, cuja parte ampliada é representada na Figura 11. A noção de "iluminação consistente" não implica apenas a utilização de emissões laser. Por vezes, essa iluminação é conseguida através de fontes de luz convencionais que abrangem uma vasta gama espetral com um perfil de luminosidade alargado, emitindo luz parcialmente consistente com coerência temporal e espacial limitada. Consequentemente, o padrão de manchas não é exclusivamente observável nas emissões laser, mas a sua exploração ativa e a sua utilização prática são principalmente impulsionadas pela utilização do laser.

Vamos explorar as condições de formação e as várias configurações ópticas para observar padrões de speckle, que surgem da interferência de ondas provenientes de irregularidades individuais na superfície do objeto. Na ilustração da Fig. 11, b, estas ondas são coerentes entre si se o raio de coerência espacial ρc na superfície do objeto ultrapassar o diâmetro da área iluminada , D $\rho c > D$. Isto consegue-se reduzindo a extensão angular da fonte de iluminação θ , uma vez que onde é o comprimento de onda médio da luz. Além disso. Além disso, a disparidade dos trajectos ópticos de qualquer par de ondas elementares δ que atinjam o ponto de observação P deve ser inferior ao comprimento da coerência temporal da radiação $l_c \approx \bar{\lambda}^2/\Delta\lambda$em que Δλ significa a largura espetral da radiação.

Quando estes critérios são satisfeitos, a amplitude das ondas elementares dispersas combina-se por interferência, e a amplitude do campo resultante em qualquer ponto P é determinada considerando as contribuições dos desvios de fase $\Delta\varphi_j$ e as amplitudes aj de cada onda elementar:

$$U(P) = \sum_{j=1}^{N} a_j \exp(j\Delta\varphi_j) = A(P)\exp(i\varphi(P)),$$

em que N representa o número total destas ondas. Como tanto aj como $\Delta\varphi_j$ são variáveis aleatórias devido à distribuição irregular das heterogeneidades na superfície e aos valores das suas alturas ou índices de refração, a amplitude resultante A (P), a fase φ (P) e a intensidade do campo $I(P) \square |U(P)|^2$ serão funções estocásticas. Surgem padrões de speckle claramente definidos quando os desvios de fase $\Delta\varphi_j$ se situam no intervalo de 0-2 π radianos.

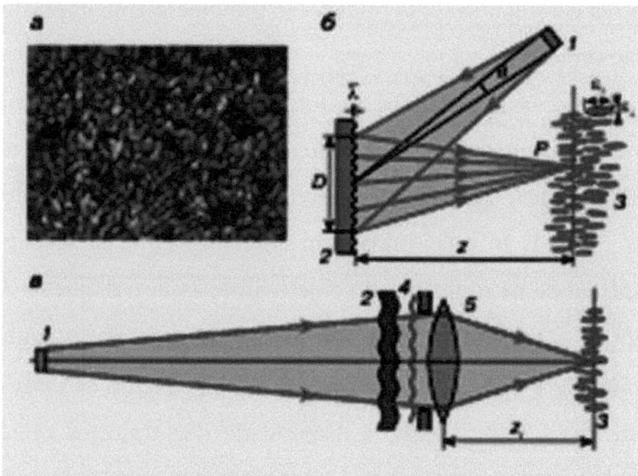

(Fig. 11 - Um padrão de speckle no campo de difração de um feixe laser numa superfície rugosa (a) e vários esquemas ópticos para observar padrões de speckle (b, c). 1 - fonte de luz, 2 - objeto ou meio aleatoriamente não homogéneo, 3 - vista esquemática da secção longitudinal da camada de estrutura de manchas, 4 - frente de onda caoticamente distorcida, 5 - representação do sistema ótico)

Para isso, basta, por exemplo, que as magnitudes das irregularidades da superfície Δφj sejam comparadas com λ porque $\Delta\varphi_j \approx (2\pi/\lambda) \cdot 2\Delta\varphi j$. As dimensões mais pequenas das manchas na secção transversal do campo são ditadas pela relação $\varepsilon_{\perp min} = \bar{\lambda} z/D$onde z é a distância do objeto ao plano de observação. Toda a superfície pode ser dividida em pares de irregularidades. A sobreposição de ondas provenientes destes pares de irregularidades, semelhante à configuração de Young, resulta no aparecimento de bandas paralelas com um período $\Lambda_{jk} = \bar{\lambda}z/l_{jk}$ em que l_{jk} é a separação entre as irregularidades. As sobreposições coerentes destas bandas com períodos e orientações variados, provenientes de todos os pares de irregularidades, culminam na formação de um padrão de speckle. O período mínimo destas bandas corresponde a irregularidades nas periferias da região iluminada com uma separação $l = D$ entre elas. Os tamanhos típicos das manchas são marginalmente maiores, $\varepsilon_\perp = 3\bar{\lambda}z/D$. O coeficiente de correção pode ser derivado da análise do padrão de manchas.

Do ponto de vista metodológico, é intrigante a configuração da Fig. 11, c, em que a luz atravessa um meio de dispersão e se observam manchas no plano de imagem da fonte de iluminação. Surge um padrão de manchas de contraste se o raio de coerência que ilumina a radiação no meio de dispersão exceder o diâmetro de abertura do sistema ótico, $\rho c > D_a$. Os padrões subjectivos de speckle formados de acordo com a configuração da Fig.11, c, são claramente discerníveis quando se observam as luzes da rua através de uma janela de elétrico embaciada ou congelada. Esta configuração pode ser vista como um protótipo para a observação de corpos celestes através da atmosfera turbulenta da Terra e para elucidar os princípios da interferometria de manchas estelares.

A origem das manchas subjectivas é a abertura (ou mais precisamente, a pupila de saída) do sistema ótico, que é inundado pela luz do objeto. Assim, podem ser utilizadas afirmações semelhantes às utilizadas para as manchas objectivas para avaliar a magnitude destas manchas:

$$\varepsilon_{\perp} = \frac{3\bar{\lambda} z_i}{D_a}, \varepsilon_{\parallel} \approx 8\bar{\lambda} z_i^2 / D_a^2,$$

em que z_i é a distância da abertura (pupila) ao plano de formação do padrão de manchas.

Quando $\rho c > D_a$, é importante notar que o tamanho das manchas aumenta e o seu contraste diminui [15].

2.6 Estrutura holográfica

A vantagem dos métodos holográficos para registo e restauro de informação reside na recuperação completa da informação relativa à distribuição de amplitude-fase do campo de objectos. A disposição holográfica, um padrão gravado de interferência entre as ondas objeto e de referência, manifesta-se normalmente como um composto de grelhas de difração sinusoidais ou estruturas de zona Fresnel.

De um ponto de vista formal, estas representações permitem uma descrição adequada dos processos envolvidos no registo e na restauração do campo de ondas na holografia. Contudo, a estrutura real de um holograma, como é evidente durante o exame microscópico da Fig. 12, compreende um conjunto de células básicas de difração. Estas células constituem o campo de objectos fundidos, modulado por bandas de interferência portadoras. Quando se passa de uma camada fundida para outra, as bandas de interferência deslocam-se devido a diferenças de fase. O contraste destas bandas depende das amplitudes relativas das ondas objeto e de referência em cada camada. Assim, a amplitude do campo do objeto é codificada pelo contraste das bandas de interferência, enquanto a fase é codificada pela sua disposição espacial. As dimensões laterais das manchas são determinadas pela amplitude do espetro angular (espacial) do campo de objectos.

O campo de ondas do objeto reconstruído a partir do holograma resulta de uma combinação de ondas elementares difractadas pelas células de difração básicas do holograma. Estas grelhas de difração elementares são claramente discerníveis na Fig. 12, que representa uma secção significativamente ampliada da estrutura holográfica real do objeto que difunde.

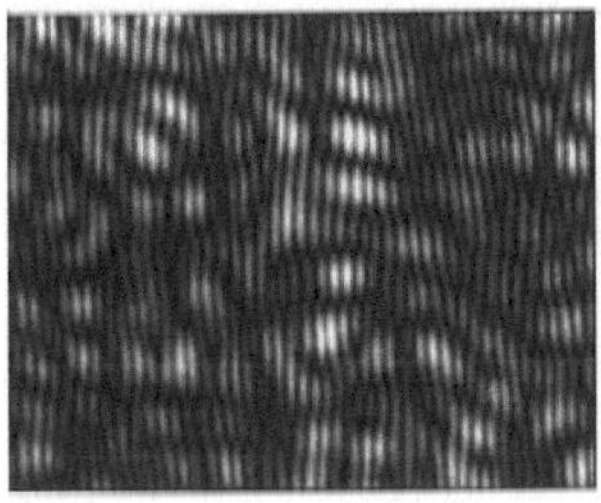

(Fig.12 - Um fragmento da estrutura holográfica de um objeto de dispersão)

A localização espacial das bandas de interferência no interior da célula elementar e a própria posição da célula no plano do holograma determinam a fase da onda elementar difractada, enquanto o período das bandas indica a direção de propagação da onda difractada numa dada célula. O grau de modulação da estrutura de difração, influenciado pelo contraste das bandas de interferência portadoras, estabelece a eficiência de difração da célula unitária, correlacionando-se com a amplitude da onda difractada.

O processo acima descrito ilustra a forma como um holograma real facilita a restauração da estrutura de amplitude-fase do campo de objectos no plano do holograma e, consequentemente, no campo de difração. A figura 13 mostra esquematicamente o processo de formação de uma imagem holográfica real no campo de difração devido à sobreposição de ondas elementares difractadas nas células de difração elementares do holograma.

Um holograma real incorpora uma estrutura de difração complexa que inclui numerosas grelhas de difração elementares, que funcionam como as unidades de informação mais pequenas do holograma. A estrutura de manchas do campo de objectos dita inteiramente o posicionamento espacial destas grelhas no holograma. A síntese do holograma é conseguida através da captação da intensidade do campo de difração do objeto sem recurso a um feixe de luz de referência. Dentro de cada speckle da estrutura registada, é essencial criar bandas portadoras com um deslocamento relativo correspondente à fase do campo nesse speckle [16].

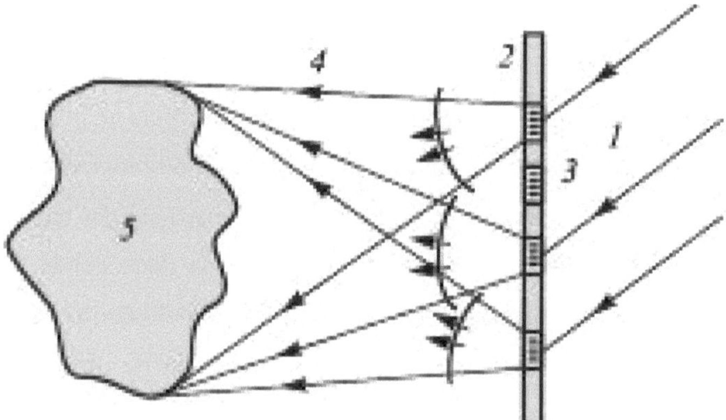

(Fig.13 - Apresentação esquemática do processo de restauração a partir de um holograma de uma imagem real de um objeto quando se utiliza um feixe de luz, referência combinada: 1 - onda restauradora; 2 - holograma; 3 - células de difração elementares; 4 - ondas elementares, difractadas nas células elementares; 5 - uma imagem válida do objeto

O procedimento baseia-se no registo do espetrograma do objeto de dispersão no campo de difração distante - o espetrograma de Fourier e na distribuição binária da fase no campo sinterizado para objectos de forma simétrica).

2.7 O método de fotografia de manchas de duas exposições

A estrutura do speckle transmite informações sobre a superfície do objeto, especificamente no que diz respeito à sua forma e posição espacial. Esta caraterística é eficazmente utilizada para examinar pequenas deslocações (microscópicas) da superfície do objeto. O movimento ou a distorção da superfície do objeto resulta em deslocações espaciais correspondentes das estruturas de manchas objectivas e subjectivas, permitindo a determinação da deslocação da superfície. Para tal, é utilizado um registo de duas exposições de estruturas de manchas que representam os estados inicial e alterado do objeto, seguido do exame de padrões de bandas de interferência no campo de difração do feixe laser nas estruturas de manchas registadas.

Para captar uma imagem speckle, é utilizada uma configuração ótica convencional (Fig. 14, a), em que o suporte de registo (como uma chapa fotográfica) é posicionado no plano de imagem do objeto ou na região desfocada, abrangendo o plano focal posterior onde é gerada a transformada de Fourier da imagem do objeto. No primeiro caso, é documentada a deslocação transversal do eixo ótico do objeto, ao passo que, no segundo, são registadas as deformações de flexão da superfície ou a sua inclinação. O suporte de registo deve permitir o registo de uma estrutura de manchas, com os elementos mais pequenos com dimensões à escala micrónica, sob uma abertura relativa suficientemente grande do sistema ótico de imagem. Por conseguinte, é necessária uma chapa fotográfica com uma resolução de, pelo menos, 10^3 Lin/mm. Estas chapas fotográficas têm aplicação na holografia.

Após o registo da dupla exposição e o processamento fotoquímico subsequente, dois padrões de speckle idênticos, deslocados entre si, são registados na chapa fotográfica. Esta chapa, agora designada por speclogram, é iluminada por um feixe de laser, que sofre difração na imagem de dupla estrutura fina de speckle do objeto (Fig. 14, b). No campo de difração, forma-se uma série de bandas de interferência paralelas perpendiculares ao vetor de deslocamento do speckle $\overrightarrow{g_s}$, com o período:

$$\Lambda = \lambda z \Big/ \left|\overrightarrow{g_s}\right|$$

Onde z é a distância ao ecrã em que as riscas são observadas. A génese das riscas pode ser elucidada através de uma analogia com a experiência clássica de Jung. Um par de manchas idênticas, espacialmente deslocadas num especlograma de duas exposições, equivale a duas aberturas no quadro junguiano. A interação de ondas elementares de tais pares de aberturas dentro dos limites do feixe de laser iluminante, uniformemente alinhadas e equidistantes uma da outra, culmina no aparecimento de padrões de interferência análogos na região distante de difração, cuja sobreposição produz o padrão resultante de riscas (ver Fig.14, b).

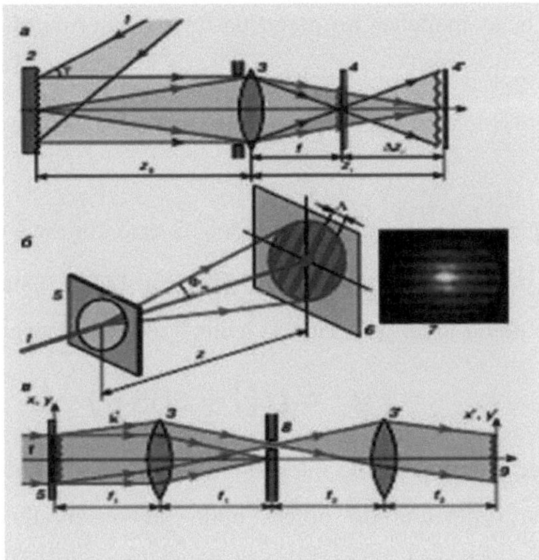

(Fig.14 - Esquemas ópticos de registo de uma fotografia speckle de duas exposições (a), observação do padrão de bandas de interferência na região de difração distante (b) e plano de imagem do espetrograma (c). 1 - ilumina um feixe laser, 2 - um objeto com uma superfície rugosa, 3 e 3' - lentes, 4 e 4' - placas fotográficas em diferentes planos do espaço de imagem, 5 - um espetrograma de dupla exposição, 6 - uma imagem das bandas de interferência de Jung no ecrã na região distante de difração, 7 - uma fotografia das bandas de interferência de Jung, 8 - um ecrã com uma pequena abertura (filtro espacial), 9 - o plano de imagem do espetrograma)

De acordo com a orientação e o período das bandas de Young, a direção e a magnitude do vetor de deslocamento das manchas no espetrograma são determinadas, $\overrightarrow{g_s}$ e, de acordo com isso, o deslocamento dos pontos correspondentes da superfície do objeto $\overrightarrow{g_0}$ com um deslocamento transversal da superfície pelo tamanho $\overrightarrow{g_0}$ da mancha nos pontos correspondentes da imagem será deslocado pela quantidade $\overrightarrow{g_s} = -\beta \overrightarrow{g_0}$ onde β o fator de ampliação do sistema ótico. Quando a superfície é inclinada por um ângulo α, as manchas no plano da imagem permanecem praticamente estacionárias, mas deslocam-se para as áreas desfocadas pela quantidade:

$$g_s = {}^{\alpha(1+\cos\gamma)\Delta z_i}/_{\beta}$$

em que γ é o ângulo de incidência que ilumina o feixe, Δz_i é a quantidade de desfocagem do objeto (ver Fig.14, a). Quando se registam manchas no plano focal posterior da lente, a última relação assume a forma

$$g_s = \alpha(1+\cos\gamma)\cdot f$$

O padrão de bandas de interferência que reflecte o deslocamento não uniforme da superfície do objeto pode ser observado diretamente no espetrograma utilizando o esquema de filtragem espacial (Fig. 14, c). De acordo com este esquema, toda a imagem do objeto é iluminada no espetrograma e a radiação difractada é sujeita a uma dupla transformação de Fourier e a uma filtragem espacial com a ajuda de duas lentes colectoras e de um ecrã com um pequeno orifício instalado no plano focal posterior da primeira lente. No plano focal da segunda lente, observa-se uma imagem do espetrograma, modulada por bandas de interferência, cuja forma e período espacial são determinados pelo deslocamento $\overrightarrow{g_s}$ das manchas no espetrograma e, é importante sublinhar, pela posição do orifício do filtro.

As riscas formam-se, como no caso anterior, em resultado da interferência de ondas elementares provenientes de pares de manchas idênticas. Para que estas ondas se sobreponham espacialmente no plano da imagem e interfiram, o sistema ótico não deve permitir a deslocação mútua de pontos idênticos no espetrograma:

$$g_s > {}^{\lambda f_1}\!/_{D_a}$$

em que D_a é o diâmetro do orifício do filtro. Por conseguinte, o orifício deve ser bastante pequeno, caso contrário as riscas desaparecem.

A diferença de percurso entre as ondas elementares Δ depende da projeção do vetor $\overrightarrow{g_s}$ sobre a direção do feixe difractado $k(\cos\alpha_x, \cos\alpha_y)$ causada pela posição do orifício do filtro $\Delta = \overrightarrow{g_s}\vec{k}$. Por conseguinte, a equação das bandas de luz na imagem do espetrograma será escrita da seguinte forma

$$\overrightarrow{g_s}\vec{k} = m\lambda$$

em que m é a ordem de interferência. Fixando a mudança na ordem do padrão de interferência Δm quando a posição do furo muda, é possível determinar a magnitude e a direção do vetor $\overrightarrow{g_s}$ em diferentes secções do espetrograma, o que significa a magnitude e a direção do deslocamento dos pontos correspondentes do objeto $\overrightarrow{g_0}$. No entanto, em tarefas técnicas, é muitas vezes importante conhecer não as deslocações absolutas dos pontos da superfície, mas as deslocações relativas, ou seja, as derivadas das deslocações: $\partial g_0 / \partial x$ i $\partial g_0 / \partial y$. É fácil ver que os períodos locais das bandas no espetrograma Λ_x estão Λ_y relacionados com as relações derivadas:

$$\frac{\partial g_0}{\partial x}\cos\alpha_x = \frac{\lambda}{\beta\Lambda_x}, \frac{\partial g_0}{\partial y}\cos\alpha_y = \frac{\lambda}{\beta\Lambda_y}.$$

A análise da disposição das riscas na imagem do objeto, tal como ilustrado na figura 14, fornece um meio visual para obter dados quantitativos relativos à deslocação ou deformação do objeto. A utilização de um feixe de laser focalizado para varrer o espetrograma (ver Fig. 14, b) permite determinar o campo de deslocamento absoluto dos pontos do objeto. A fotografia Speckle permite medir deslocamentos que vão desde unidades individuais até centenas de micrómetros. Estas capacidades têm uma importância significativa no domínio da mecânica experimental [17].

2.8 Interferometria de manchas estelares

A interferometria de manchas estelares é uma técnica que permite estudar os corpos celestes no meio de uma atmosfera turbulenta, mantendo uma resolução limitada pela difração. As origens desta abordagem ótica avançada foram estabelecidas em 1970 pelo investigador francês Labeyri A. Após a era de Michelson A. e do seu interferómetro estelar, a interferometria de manchas estelares é um marco fundamental na astronomia ótica. A resolução angular de um telescópio opticamente perfeito (sem aberrações) é limitada pela difração da luz na sua abertura e é:

$$1.22\overline{\lambda} / \mathrm{D}_a$$

em que D_a é o diâmetro da abertura do telescópio. Para um telescópio de 5 metros, este valor $\approx 0'',02$ é $\lambda = 0.5мкм$. As flutuações de temperatura da densidade ótica da atmosfera distorcem a frente da onda de luz e reduzem a resolução do telescópio para $1''-2''$.

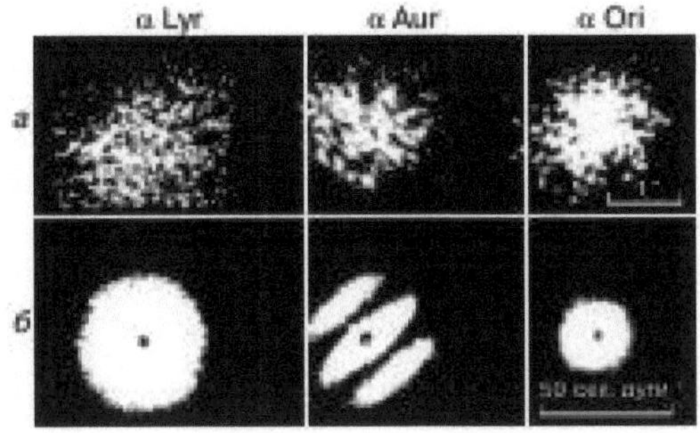

(Fig.15 - Imagem Speckle (a) e espectros de potência (b) Não são permitidas estrelas α Lyr, uma estrela dupla α Aur e α estrelas Ori com disco ativado).

O telescópio não permite que a estrela $\bar{\lambda} / D_a > \theta$, onde θ o tamanho angular da estrela, quando o diâmetro da abertura do telescópio é inferior ao raio de coerência espacial ρ_c da luz da estrela, $D_a < \rho_c$ desde $\rho_c \approx \bar{\lambda} / \theta$. Neste caso, a janela de entrada do telescópio é iluminada de forma coerente. Se o tamanho médio das inomogeneidades atmosféricas r_a for visivelmente inferior à abertura do telescópio ($r_a \approx 5-20см$), então, em vez de um ponto de difração, forma-se um padrão de manchas (Fig. 15, a) com um tamanho linear médio de manchas no seu plano focal:

$$\varepsilon_{\perp} \approx \bar{\lambda} f / D_a ,$$

em que f é a distância focal do telescópio. $r_a < \rho_c < D_a$ Quando a distância focal do telescópio é de 1,5 m, o contraste das manchas diminui e os seus tamanhos aumentam, $\varepsilon_{\perp} \approx \bar{\lambda} f / \rho_c$. Assim, a informação codificada sobre o tamanho angular da fonte é revelada na imagem das manchas $\theta \approx \bar{\lambda} / \rho_c$.

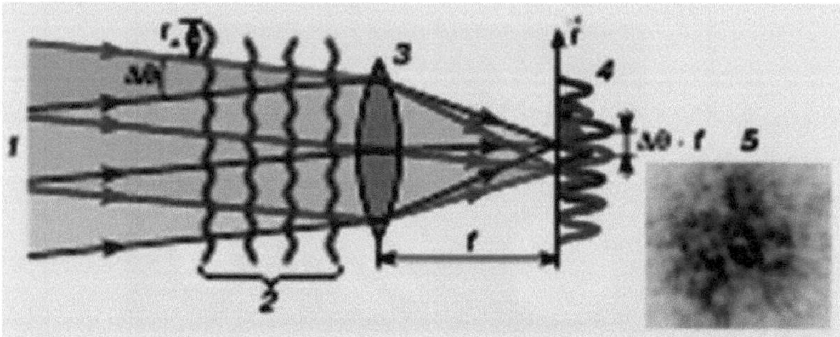

(Fig. 16 - Formação da imagem de uma estrela dupla devido a uma atmosfera turbulenta. 1 - luz de um par de estrelas, 2 - ambiente turbulento, 3 - lente do telescópio, 4 - distribuição aleatória de intensidade na imagem speckle de uma estrela binária, 5 - vista típica da imagem speckle de uma estrela binária).

As variações atmosféricas e, correspondentemente, as configurações de speckle deslocam-se com um tempo caraterístico de $\approx$ 0,02 s. Com exposições prolongadas, os arranjos de speckle amalgamam-se, resultando numa mancha desfocada com uma extensão angular. $\approx \lambda / r_a \approx 1'' - 2''$. Exposições curtas ao longo do tempo $^{<< 0,02c}$ permitem registar padrões de speckle, que são designados por imagens de speckle instantâneas. A partir do espetro espacial das imagens speckle, calculada a média de muitas imagens, é possível extrair informações sobre a dimensão angular da fonte e a sua estrutura espacial fina [18].

Consideremos o procedimento mais simples e evidente para extrair informação de imagens speckle de uma estrela dupla. Neste caso, duas ondas luminosas entram na abertura do telescópio, que no plano focal do telescópio formam duas estruturas de manchas, deslocadas uma em relação à outra pela distância angular $\Delta\theta$ entre as estrelas (Fig.16). Estas estruturas de speckle são idênticas, porque se formam quando as ondas atravessam a mesma atmosfera heterogénea, mas formam-se sem interferência devido à incoerência mútua das fontes. Essencialmente $\Delta\theta > \bar{\lambda} / D_a$, o par de estrelas é discernível pelo telescópio, mas isso é impedido pelas flutuações atmosféricas e as estruturas de speckle são criadas. A deslocação mútua dos speckles $g_s = \Delta\theta f$ neste cenário excede os seus tamanhos, $\Delta\theta > \varepsilon_\perp / f$.

Por conseguinte, é criada uma estrutura de manchas duplas no plano focal (Fig.16). Uma série de tais imagens de manchas conterá manchas duplas de formas diferentes, mas com a mesma distância $\Delta\theta f$ entre pares de manchas idênticas. A analogia com o método de fotografia de manchas de duas exposições é bastante evidente. O espetro espacial de tais imagens contém uma função cosseno, cujo período está inversamente relacionado $\Delta\theta$. Num sistema ótico coerente, a transformação de Fourier e a observação do espetro espacial das imagens speckle podem ser executadas utilizando o esquema apresentado na (Fig.14), b. Na auréola de difração, serão observadas bandas de interferência, perpendiculares à linha que liga o par de estrelas, com um período inversamente relacionado , $\Delta\theta$ $\Lambda = \lambda z / \Delta\theta f$. Para obter uma imagem mais nítida das riscas, é calculada a média do espetro espacial, por exemplo, alterando rapidamente os fotogramas das imagens speckle. O contraste das bandas médias contém informação sobre o brilho relativo do par de estrelas.

O exemplo fornecido de observação de um par de estrelas próximas ilustra claramente o potencial de determinação da estrutura espacial de um objeto espacial (distância angular entre estrelas, a sua orientação e brilho relativo) com base no espetro de potência médio de um conjunto de imagens instantâneas de manchas do objeto. Quando se utiliza uma exposição longa, que resulta na média da estrutura de manchas na imagem, este potencial desvanece-se [19].

3. DESENVOLVIMENTO DO ALGORITMO DE ANÁLISE DE IMAGENS DE INTERFEROMETRIA ESPECULAR E SUA IMPLEMENTAÇÃO

3.1 Revisão dos análogos:

Os análogos no processamento e análise de imagens de manchas são considerados nesta secção.

3.1.1 Reconstrução da imagem com base na distribuição espacial da intensidade do campo modulado por speckle de difração.

O processo de registo dos campos de speckle requer equipamento especial, pelo que a sua simulação em computador alarga significativamente as possibilidades dos investigadores. Uma estrutura de speckle modelada num computador é apresentada na Fig. 17.

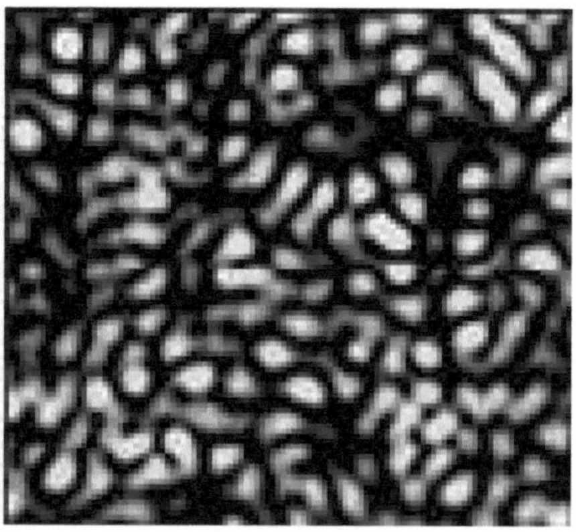

(Fig. .17 - Estrutura de speckle modelada num computador)

Para processar os espectrogramas de modo a criar estruturas semelhantes a hologramas com riscas portadoras, foram utilizados programas de computador para processar speckles, o que permitiu aplicar um sistema de riscas portadoras ao espetrograma com um deslocamento de meio período ao passar de um speckle para o seguinte. O algoritmo para restaurar a distribuição de fase no campo de manchas é o seguinte:

1. Tradução da imagem para uma matriz de números.
2. Determinação do nível médio de brilho e realização da binarização de acordo com este nível (Fig. 18).

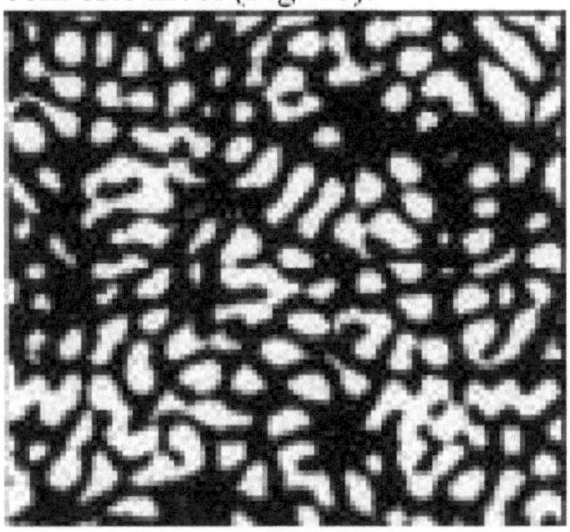

(Fig. 18. - Imagem após binarização).

3. Separação das manchas presas; as manchas claras, ligadas por um istmo fino, representam diferentes seios (Fig. 19).

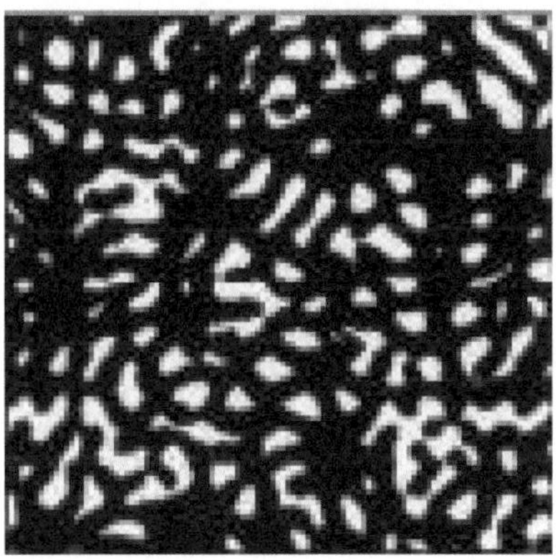

(Fig. 19. - Separação de manchas presas).

4. Dividir a imagem do speckle em áreas adjacentes (Fig. 20).

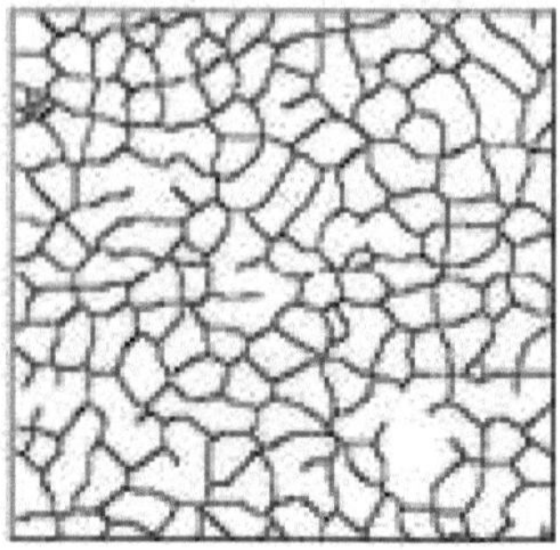

(Fig. 20 - Dividir a imagem do speckle em áreas vizinhas).

5. Plotar o sistema de bandas portadoras no espetrograma para metade do período entre as bandas vizinhas (Fig. 21).

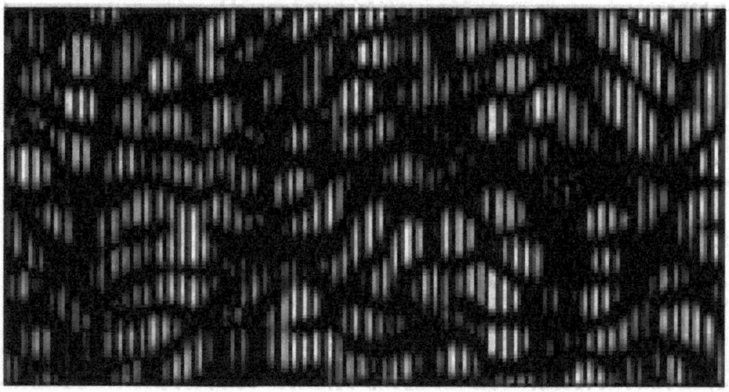

(Fig. 21. - Imagem com a carga aplicada suportando Suga.)

Na figura. apresenta-se um conjunto de imagens para o caso da divisão de áreas adjacentes em modo manual. Uma comparação dos resultados destes modos de processamento de espectrogramas mostra uma qualidade ligeiramente superior de recuperação de imagem quando se utiliza o modo manual de determinação de manchas vizinhas com uma pequena e necessária deslocação de banda. Para melhorar a qualidade da reconstrução da imagem, o programa automático necessita de um maior refinamento em termos de uma definição mais precisa das áreas que representam cinzas vizinhas. Como se pode ver na Fig. em geral, o algoritmo proposto permite definir aproximadamente a imagem do objeto. O processamento gráfico de um espetrograma utilizando um software especial é um processo menos moroso do que o processamento manual, mas é acompanhado de erros significativos na determinação dos limites das manchas e, por conseguinte, necessita de um maior refinamento. Assim, este documento demonstra a possibilidade fundamental de reconstrução de fase do campo de difração modulado por manchas de um objcto dc dispersão plana simétrica. É também demonstrado o potencial de restauro da imagem de objectos planos através do registo de um espetrograma de Fourier sem suporte. A eficácia do método de restauro de imagem proposto foi confirmada experimentalmente. Foi implementada uma versão do holograma digital de Fourier sem suporte baseada no método desenvolvido para restaurar a imagem do objeto com base na intensidade registada do campo de difração modulado por speckle [20].

3.1.2 A utilização de campos de speckle dinâmicos para o estudo de processos in vitro no tecido muscular

Arranjo experimental

As amostras foram expostas a um feixe de laser alongado, com o ângulo de observação a corresponder aproximadamente ao ângulo de incidência do feixe de laser. No entanto, esta configuração de irradiação e observação não conseguiu gerar campos de speckle bem definidos no tecido muscular devido a pontos brilhantes na imagem causados pela reflexão especular da superfície da amostra. Por conseguinte, sugere-se uma disposição ótica alternativa para a captura de imagens de speckle para a experimentação do tecido muscular. Esta nova configuração ajusta o ângulo de iluminação para eliminar a influência da reflexão especular. Além disso, a amostra é irradiada com um feixe laser estreito com cerca de 1 mm de diâmetro para aumentar a intensidade da radiação dispersa. Utilizando esta configuração proposta, é concebida uma nova configuração experimental para a investigação de bio-especulações no tecido muscular. (Fig.22) [21].

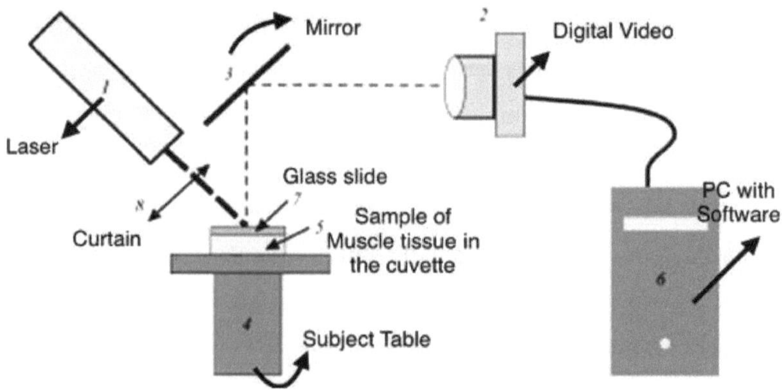

(Fig.22. - Esquema da instalação para a investigação de bio-espécies de tecido muscular)

Durante a experiência, foram colocadas amostras especialmente preparadas de tecido muscular na cuvete 5, que foi armazenada num frigorífico, enquanto a mesa de amostras 4 permaneceu inalterada. Além disso, as amostras foram cobertas com a lâmina 7, meticulosamente posicionada para evitar a formação de orifícios de ar. Antes da medição, as amostras foram deixadas a equilibrar à temperatura ambiente durante algum tempo. Em seguida, um feixe de laser focalizado irradiava as amostras num ângulo de 45 graus em relação à direção de observação. Utilizando o espelho

3 e a lente ligada à matriz sensível da câmara de vídeo 2, foi captada uma imagem da superfície da amostra no raio de interação da radiação laser com o objeto (Fig. 23) [22].

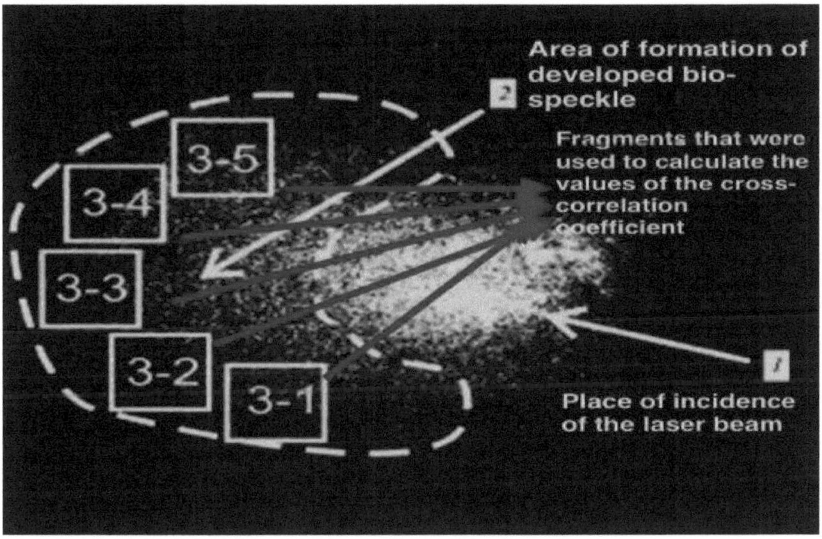

(Fig. 23. - Imagem da superfície de uma amostra de tecido muscular iluminada por um feixe laser estreito).

Foi utilizado um laser He-Ne LGN 207 (P = 1,5 mV, λ = 630 nm) durante a investigação de amostras de tecido muscular. Para atenuar o impacto da radiação laser, o objeto de exame foi exposto apenas durante o registo da imagem. Para o efeito, foi utilizada a cortina 8, que se abriu em sincronia com o início do registo da imagem. Após a estabilização da temperatura e da mecânica da amostra, foi captada uma sequência de imagens da sua superfície no ponto de incidência do feixe laser. As imagens foram registadas consecutivamente durante 30 segundos com um intervalo de 1 segundo e armazenadas no disco rígido do computador. Posteriormente, as imagens foram processadas através de um programa especialmente concebido para o efeito, cujo diagrama de blocos está representado na (Fig. 24).

3.1.3 Algoritmo para o processamento de imagens speckle

Como se pode ver na figura 23, devido à intensidade significativa da radiação dispersa e ao tempo de exposição fixo da câmara de vídeo, não é possível distinguir qualquer padrão de manchas no ponto de incidência do feixe laser I. Neste momento, a intensidade da imagem ultrapassa a gama dinâmica da câmara. Numa região próxima, marcada como Área 2 e delineada por uma linha a tracejado, é observável um padrão de manchas distinto, que diminui gradualmente devido à considerável dispersão da radiação. Esta área serviu de base para o cálculo dos valores de correlação de Coss entre as imagens inicial e posterior. Simultaneamente, foram escolhidos cinco fragmentos rectangulares dispersos nesta área, tendo sido calculada a média dos resultados.

Ao selecionar os fragmentos m, n = (3-1) - (3-5), os nossos critérios basearam-se em assegurar resultados estatisticamente fiáveis, com tamanhos de fragmento entre 100X100 e 200X200 pixels. Estes fragmentos deviam evitar conter numerosas aldeias de picos supersaturados com intensidades que excedessem a gama dinâmica da câmara. Durante o processamento das imagens de speckle gravadas, os próprios utilizadores determinaram a posição e o tamanho dos fragmentos na imagem inicial, respeitando os critérios especificados. Subsequentemente, o programa identificou automaticamente as posições dos fragmentos correspondentes em todas as imagens de speckle gravadas e calculou os valores dos coeficientes de correlação cruzada entre a imagem inicial k e todas as subsequentes, variando de 1 a 30, para cada par de fragmentos correspondentes m, n.

Consequentemente, para cada par de fragmentos correspondentes, foi derivada uma sequência de valores denotada como $C_{m,n}^{k+1}$ que ilustra as alterações do coeficiente de correlação cruzada durante o período de medição, em que Δt representa o intervalo de tempo entre as duas imagens registadas.

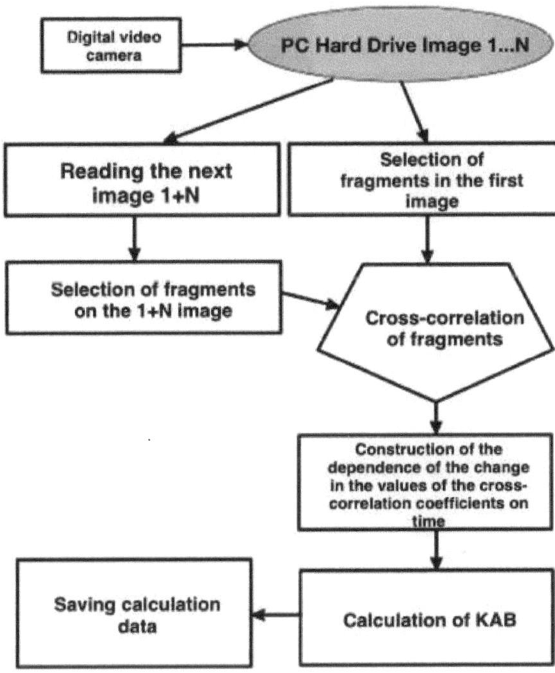

(Fig. 24 - Diagrama de blocos do processamento da imagem speckle).

Com base nos resultados do processamento da imagem speckle, a dependência da alteração dos valores dos coeficientes de correlação cruzada, que foi obtida durante a investigação de amostras de tecido muscular, é construída automaticamente, como se mostra na (Fig. 25). Como se pode ver no gráfico apresentado, o método revelou-se muito sensível aos processos que ocorrem no tecido muscular. As alterações nos valores do coeficiente de correlação cruzada são observadas mesmo em poucos segundos.

3.1.4 Processamento de dados experimentais

Os parâmetros que variam com o tempo de preservação das amostras foram identificados para várias amostras de tecido muscular de suíno. Estes parâmetros incluem o grau de alteração do coeficiente de correlação cruzada C (t) desde o seu valor máximo até um nível consistente, o intervalo de tempo τ_0 durante o qual estas alterações ocorrem e o valor residual do coeficiente de correlação cruzada C (τ_0). Com estes parâmetros, propusemos uma avaliação global das alterações que ocorrem durante a preservação do tecido muscular. Calculámos um valor (referido convencionalmente como o coeficiente de atividade bio-específica (CAB)):

$$\mathbf{CAB}=\frac{C_{t_1}-C_{\tau_0}}{\int_{t_1}^{\tau_0} C_t dt}$$

Em que C(t_1) representa o valor do coeficiente de correlação cruzada ao longo do intervalo de tempo dt (definido para 1c durante as nossas experiências com tecido muscular); e C(τ_0) significa o coeficiente de correlação cruzada da imagem speckle original contra a imagem registada após o intervalo de tempo τ_0 [22].

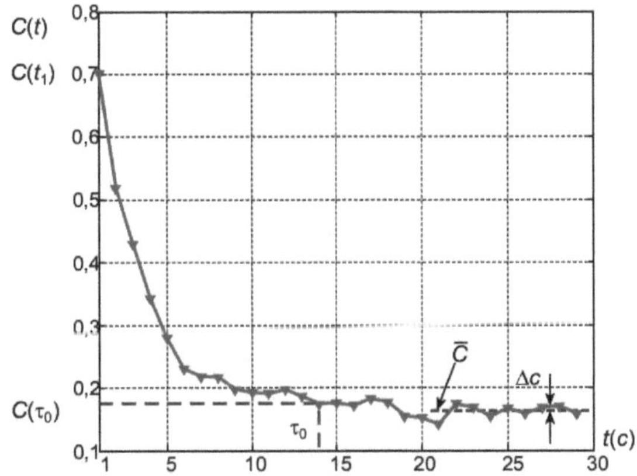

(Fig. 25. - Dependência típica da variação dos valores dos coeficientes de correlação cruzada).

3.2 Base teórica

3.2.1 A essência da análise de correlação em biologia:

Em biologia, existe uma correlação entre os aspectos morfológicos dos organismos, em que as alterações num elemento (x) correspondem a alterações noutro elemento (y). Surgem dois cenários:

1. Quando um valor de um fator dependente se alinha com um valor específico do segundo fator.
2. Quando um valor de um fator dependente se alinha com vários valores do segundo fator, dentro de limites definidos relativamente à sua média.

A dependência funcional ocorre quando um elemento ou caraterística (x) corresponde exclusivamente a um valor de outro (y), expresso como y = f(x). Neste caso, (x) é designado por variável independente, enquanto (y) é a sua função. Os investigadores podem selecionar indistintamente um ou outro como argumento ou função. No entanto, nos organismos ou fenómenos biológicos, existem alguns casos em que, com o mesmo valor de um elemento (x), os elementos comparados (y) diferem. Consequentemente, quando um elemento condicionalmente independente (x) muda, o elemento condicionalmente dependente (y) muda em conformidade, mas não de forma estritamente funcional; cada valor de (x) corresponde a diferentes valores de (y). Além disso, se o valor de um órgão morfológico específico (x) permanecer constante em alguns organismos, o valor de outro órgão (y) varia. Assim, à medida que a caraterística (x) de um órgão morfológico aumenta ou diminui entre organismos, o valor (y) da segunda caraterística muda, mas com valores nominais diferentes. Essencialmente, uma mudança específica no valor (x) está correlacionada com uma gama de diversas mudanças nos valores (y) [23].

3.2.2 Correlação cruzada

A correlação cruzada normalizada é determinada para funcionar em regiões com variância zero em toda a extensão do padrão. Nestas regiões, atribuímos coeficientes de correlação de zero à saída C.

- Calcular a correlação cruzada no espaço ou na frequência, dependendo do tamanho das imagens.
- Calcular somas locais através do pré-cálculo de somas correntes.
- Utilização de somas locais para normalizar a correlação cruzada e obter coeficientes de correlação.
- A seguinte fórmula faz a implementação:

$$\gamma(\mathrm{u},\nu)=\frac{\sum_{x,y}\left[f(\mathrm{x},\mathrm{y})-\overline{f_{u,v}}\right]\cdot\left[t(\mathrm{x}-u,\nu-\nu)-\bar{t}\right]}{\left\{\sum_{x,v}\left[f(\mathrm{x},\mathrm{y})-\overline{f}_{u,v}\right]^2\cdot\sum_{x,v}\left[t(\mathrm{x}-\mathrm{u},\nu-\nu)-\bar{t}\right]^2\right\}^{0,5}}$$

onde f imagem. $\bar{t}$ é a média do padrão $\overline{f_{u,v}}$ é a média de F (x, y) na área abaixo do padrão [24].

3.3 Desenvolvimento do algoritmo:

O relatório descreve tanto o algoritmo como o software criado no pacote de desenvolvimento MATLAB 14. No seu núcleo, a função principal, como anteriormente salientado, centra-se na função de correlação cruzada.

O algoritmo de análise de imagens speckle é:

1. Encontrar uma amostra de referência de uma substância (sangue).
2. Análises laboratoriais.
3. Irradiação da amostra no modelo de laboratório, obtendo-se uma imagem speckle.
4. Obtenção de amostras de sangue com patologias.
5. Análise laboratorial dos dados das amostras.
6. Irradiação da amostra no modelo de laboratório, obtendo-se uma imagem speckle.
7. Descarregar a imagem de referência e a imagem de sangue com patologia para o programa.
8. Processamento de dados de imagem: conversão para uma imagem de meio-tom, binarização de dados de imagem.
9. Realização de uma função de correlação cruzada entre duas imagens.
10. Obter um horário.
11. Introduzir o programa na base de dados.
12. Um conjunto de estatísticas de dados de imagem.
13. Determinação dos locais característicos no gráfico, para esta ou aquela doença.

O esquema ilustra um diagrama de blocos generalizado que detalha o processo de conclusão de um ciclo de teste completo para calibração e configuração do dispositivo.

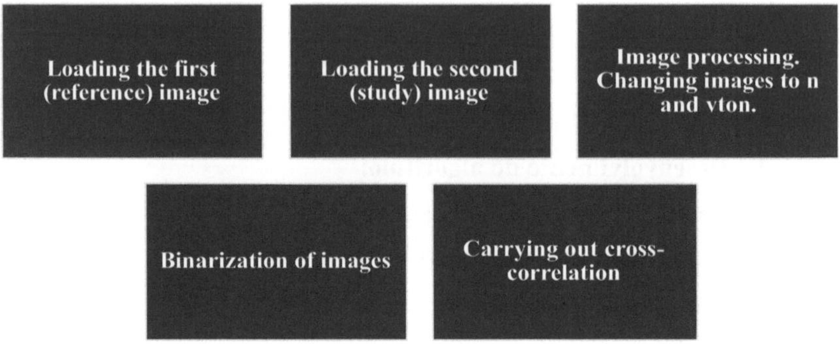

(Esquema do algoritmo do programa)

Como pode ser visto no algoritmo dado. Este tem muitos momentos idealizados. Portanto, agora, implementei um programa para realizar os pontos 7-10.

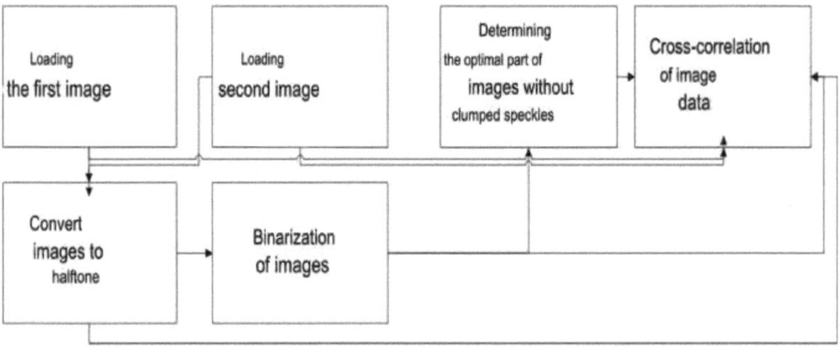

(Esquema do algoritmo do programa)

3.4 Resultados da execução do programa:

Durante a realização da minha tese, desenvolvi e implementei um programa para a análise de imagens speckle de interferência em objectos biológicos. Este programa executa as seguintes funções:

1. Transferir imagens do suporte.
2. Alterar a imagem para meio-tom.
3. Conversão de uma imagem média em binária.
4. Correlação cruzada destas imagens e produção de um gráfico.

Ao abrir o programa, aparece uma janela, como mostra a Fig.26:

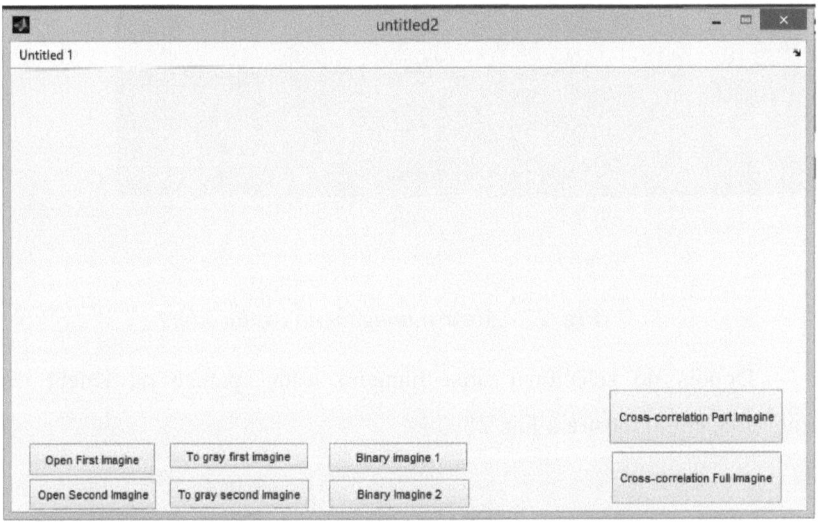

(Fig.26- A janela principal do programa)

Ao premir o botão "Abrir a primeira imagem", abre a primeira imagem, como mostra a Fig.27:

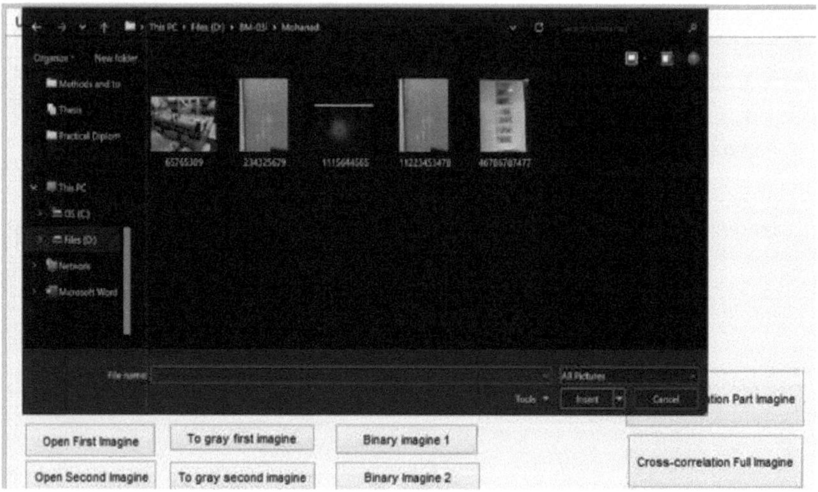

(Fig. 27 - Abrir a imagem no explorador)

Depois de selecionar uma imagem, esta aparece na janela do programa, como mostra a Fig. 28.

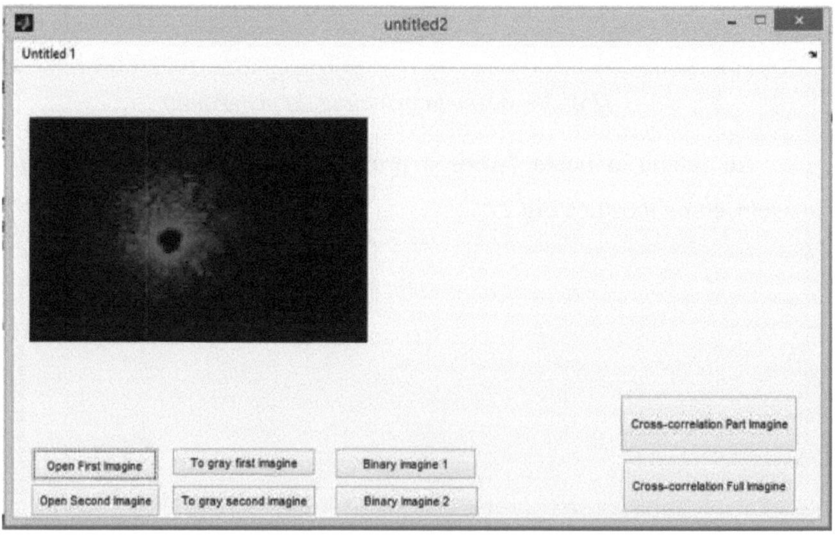

(Fig. 28 - A janela principal do programa com uma imagem aberta).

Da mesma forma, a segunda imagem é aberta. A segunda imagem é aberta premindo o botão "Abrir" Segundo "Imaginar". O resultado é apresentado na Fig. 29.

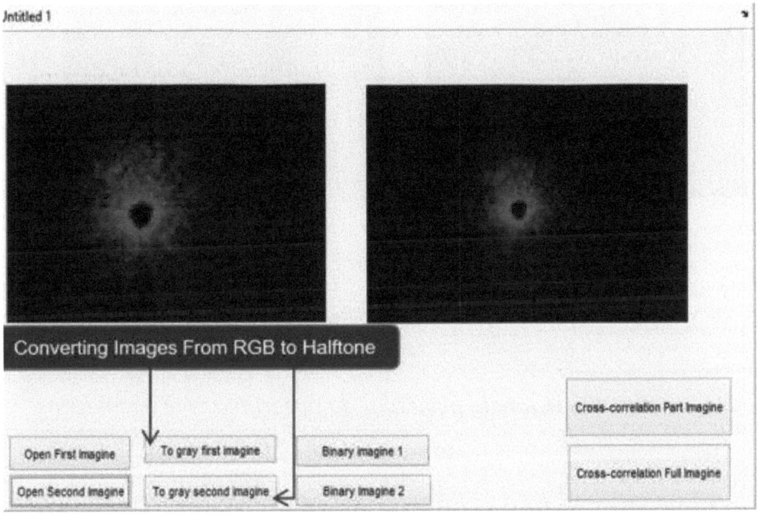

(Fig.29. - A janela principal do programa com duas imagens abertas).

Após a abertura da imagem, o programa inicia o processamento da imagem, que envolve a conversão das imagens de RGB para meio-tom. Esta conversão é efectuada através da determinação do nível médio de intensidade e subsequente conversão das imagens de RGB para formato binário. O processo de conversão de imagens de RGB para meio-tom é demonstrado visualmente através de duas funções: "To Gray first image" (Para cinzentar a primeira imagem) para transformar a primeira imagem e "To Gray second image" (Para cinzentar a segunda imagem) para a segunda imagem. O resultado deste processamento é apresentado na Figura 30.

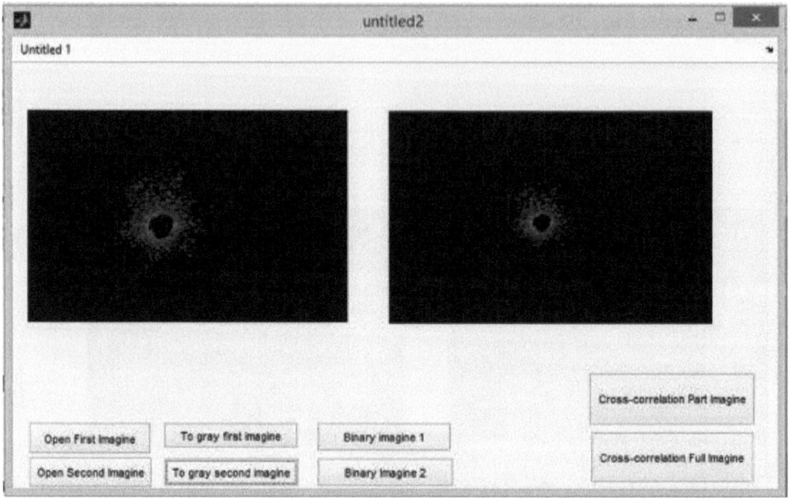

(Fig. 30 - A janela principal do programa com as imagens processadas).

Além disso, a implementação inclui uma função de conversão da imagem em binário. Esta operação pode ser executada seleccionando o botão "Imagem binária 1" para a imagem inicial.

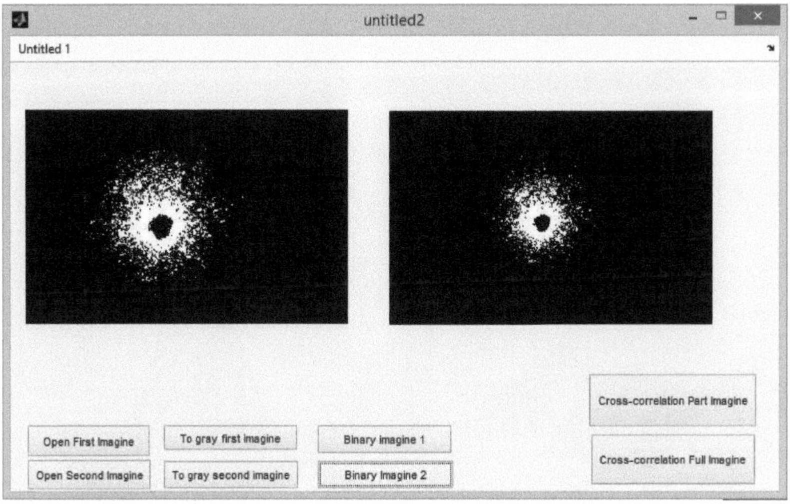

(Fig.31. - A janela principal do programa com imagens binárias).

O programa foi concebido para gerar dois tipos distintos de imagens: "Imagem binária 1" correspondente à primeira imagem e, de igual modo, "Imagem binária 2" para a segunda imagem. O resultado da binarização é ilustrado na Figura 31.

O principal objetivo para o qual este programa foi concebido é facilitar a correlação cruzada de imagens. Possui a capacidade de executar esta função utilizando toda a imagem (como mostra a Figura 32) ou uma parte específica (como mostra a Figura 33) pré-determinada pelo próprio programa, mitigando assim potenciais erros humanos. Os dados resultantes são representados visualmente através de um gráfico 3D, acompanhado da sua correspondente projeção.

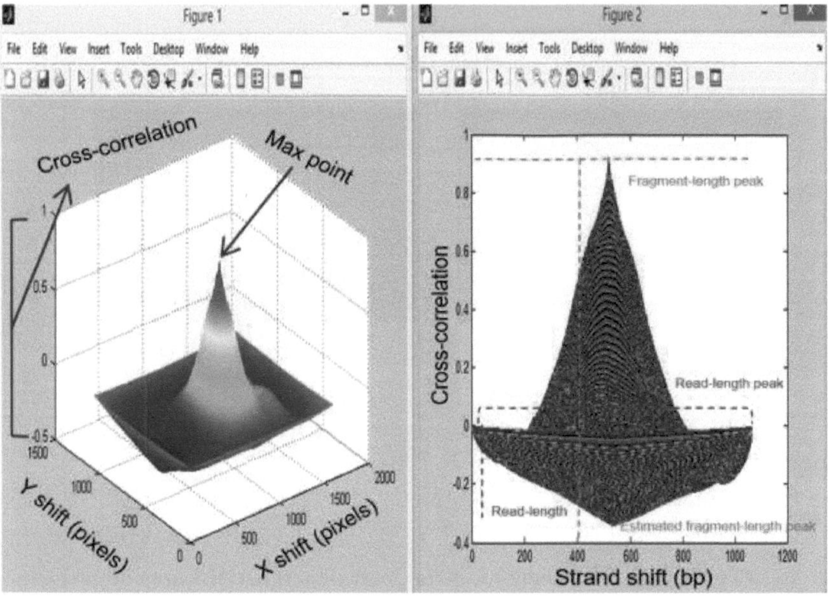

(Fig. 32. - Resultado da correlação cruzada de toda a imagem).

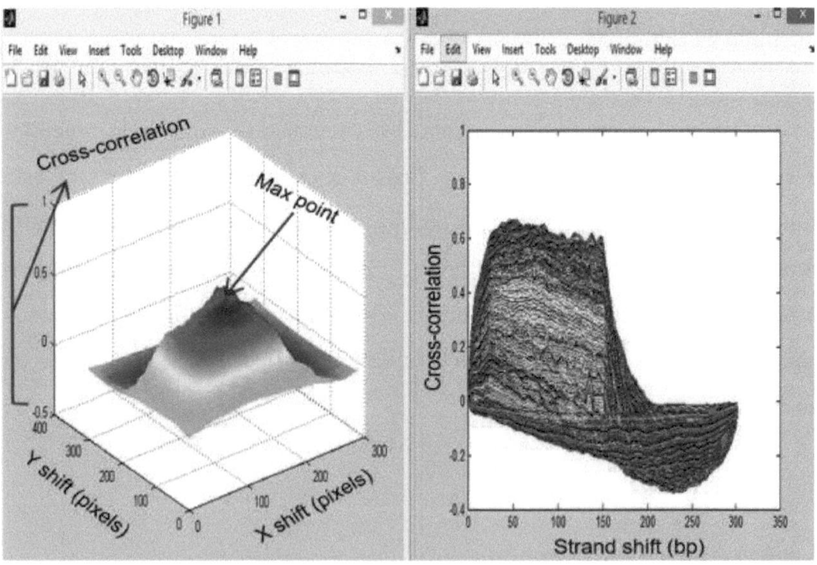

(Fig. 33 - Resultado da correlação cruzada de uma parte da imagem)

Além disso, é essencial sublinhar que os resultados podem apresentar variabilidade consoante o formato de imagem escolhido. O objetivo desta avaliação foi determinar o formato mais adequado para obter a máxima precisão na análise de entidades biológicas para futuras actividades de investigação. Como tal, os resultados subsequentes da análise de correlação cruzada entre imagens de meio-tom (como ilustrado na Figura 34) e binárias (ilustrado na Figura 35) foram fornecidos de forma inclusiva para facilitar um processo de avaliação completo e abrangente.

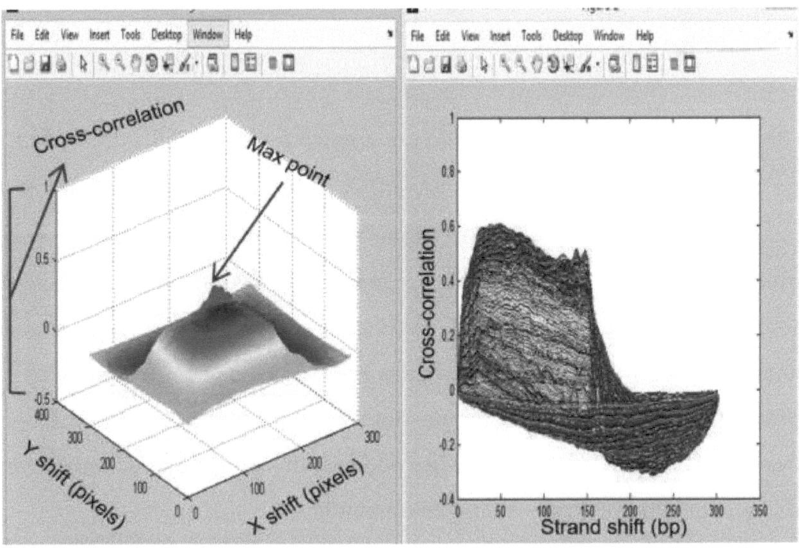

(Fig. 34. - O resultado da correlação cruzada de uma parte de uma imagem entre imagens de meio-tom).

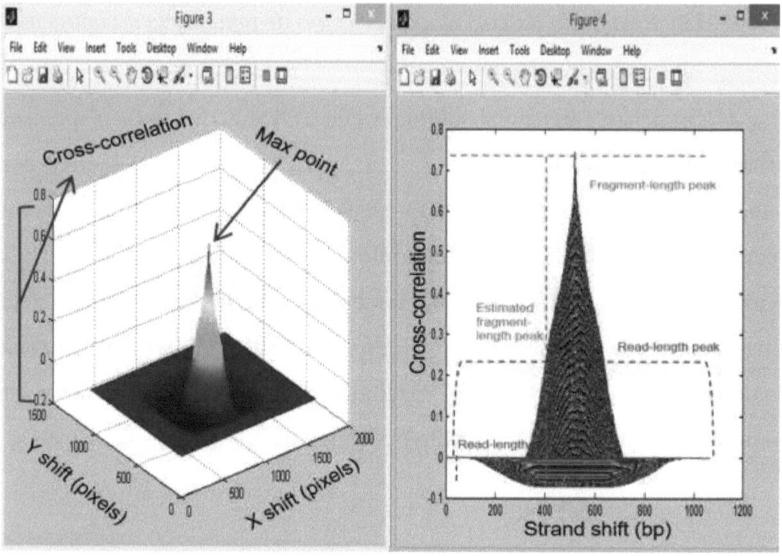

(Fig. 35 - Resultado da correlação cruzada na imagem binária completa).

Os resultados apresentam variações discerníveis entre os diversos formatos de imagem, tal como se pode ver nas imagens fornecidas. Consequentemente, em futuras actividades de investigação, torna-se imperativo compilar inicialmente dados estatísticos que englobem todos os formatos de imagem acima mencionados. Subsequentemente, a metodologia mais adequada para realizar a análise pode ser discernida e selecionada com base no conjunto de dados abrangente reunido.

4. PROTECÇÃO E SEGURANÇA NO TRABALHO EM SITUAÇÕES NORMAIS

Este segmento centra-se na melhoria dos protocolos de saúde e segurança no trabalho no laboratório de análise de sangue humano. O projeto de diploma implica o exame das condições de trabalho para identificar os factores prejudiciais à saúde e à produtividade dos trabalhadores, bem como a conceção de estratégias para reduzir esses factores para níveis aceitáveis. Entre os principais riscos encontrados durante o funcionamento do equipamento, contam-se a exposição a radiações electromagnéticas de radiofrequência, o risco de choque elétrico, a presença de poeiras e gases no espaço de trabalho, a iluminação inadequada ou a luminosidade excessiva nos postos de trabalho, as condições meteorológicas desfavoráveis e as tensões psicofisiológicas.

4.1.1 Conformidade dos parâmetros do local de trabalho com as normas sanitárias

Para estabelecer condições óptimas que conduzam a um trabalho eficaz e seguro no laboratório, é imperativo assegurar normas sanitárias e de higiene ideais. As principais directrizes para estas instalações estão descritas em C H e P 2.09.02-85 "Edifícios de produção" e noutros documentos regulamentares relevantes.

As dimensões do laboratório são as seguintes: altura 2,85 metros, comprimento 8,5 metros e largura 6,0 metros, resultando numa área total de 51 metros quadrados e um volume de 145,35 metros cúbicos. Com uma força de trabalho de 15 pessoas, cada trabalhador necessita de uma área mínima de 4,5 metros quadrados, totalizando 29,07 metros cúbicos por pessoa.

Durante os procedimentos laboratoriais, os programadores participam em actividades de investigação que envolvem documentação técnica e modelos de dispositivos de medição, juntamente com tarefas de conceção como o cálculo de esquemas de medição de dispositivos e a produção de desenhos. As tarefas práticas incluem a montagem e instalação de componentes de dispositivos, a soldadura de placas de circuitos impressos e testes de desempenho. Estas actividades são classificadas como trabalho físico ligeiro com consumo de energia não superior a 120 kcal/hora, de acordo com GOST 12.1.005-88 e DSN 3.3.6.042-99.

4.1.2 Segurança eléctrica.

De acordo com as especificações GOST 12.2.0070-75, a estação meteorológica doméstica enquadra-se na categoria de proteção eléctrica 0I, enquanto a sua classificação IR indica uma classe de proteção contra humidade e poeiras de IP=54. Todos os outros equipamentos eléctricos são classificados como 0I e I. Em funcionamento normal, a tensão de toque e a corrente através do corpo humano não excedem os valores especificados na tabela 4.1 de GOST 12.1.038 - 88.

O compartimento onde se encontra a estação meteorológica doméstica é classificado como tendo um risco elevado de choque elétrico devido ao potencial de contacto simultâneo com elementos metálicos de equipamento tecnológico ou estruturas de edifícios ligados ao solo, bem como com partes metálicas de equipamento elétrico possivelmente sob tensão.

No espaço de trabalho, é utilizada uma rede eléctrica trifásica com neutro ligado à terra, zerada e equipada com disjuntores automáticos.

Tipo de corrente	*U*, V	*I*, mA

	não mais	
Variável, 50 Hz	2.0	0.3
Variável, 400 Hz	3.0	0.4
Constante	8.0	1.0

Notas:

1. As tensões e correntes de contacto são especificadas para uma duração máxima de exposição de 10 minutos por dia e são determinadas de acordo com a resposta sensorial do indivíduo.
2. As tensões e correntes de contacto devem ser reduzidas para o triplo no caso de pessoas que trabalham em ambientes com temperaturas elevadas (acima de 25°C) e níveis de humidade elevados (acima de 75% de humidade relativa).

A corrente de curto-circuito é igual ao rácio entre a tensão de fase e as resistências (Rf, Rn, Zt/3):

R f - resistência de fase = 1,6 Ohm

R n - resistência do fio (resistência zero) = 1,6 Ohm

Z t/3 - resistência equivalente do transformador = 0,11 Ohm

$$U_{\kappa.\max\partial on} = I_{\kappa.з.} * R_{н} = 66,4*1,6 = 106,24B$$

$$K = \frac{I_{\kappa.з.}}{I_{ном.стр}} = \frac{66,4}{15} = 4,42$$

($I_{ном.стр}$ =15A).

Vamos determinar a multiplicidade para o funcionamento fiável da corrente máxima, as seguintes condições devem ser cumpridas:

K >1,4 (I k.z. < 100 A), esta condição é satisfeita K=4,42.

Vamos encontrar a tensão máxima na caixa Umax em modo de emergência.

$$U_{к.\max} = I_{к.з.} * R_{н} = 66,4*1,6 = 106,24B$$

A condição $U_{к.\max}$ < , $U_{к.\max доп}$ $U_{к.\max доп}$ = 500V deve ser cumprida quando tcпp<0,1 seg (GOST 12,1,038,77) A resistência de aterramento do dispositivo deve ser $R_з$ <4 Ω, o que corresponde a GOST 12,1,030-81.

4.2 Segurança em situações de emergência

A organização das soluções de segurança contra incêndios constitui o primeiro elemento do PLAS parcial, que regula a segurança em situações de emergência (DNAOPO. 00-4,33-99).

4.2.1 Plano de evacuação

A utilização desta abordagem de diagnóstico em aplicações biomédicas permitirá uma nova avaliação qualitativa do estado geral do corpo. A utilização de dados sobre a dispersão do feixe laser de uma amostra biológica (como o sangue) facilitará a deteção precoce de doenças que escapam aos métodos analíticos clássicos.

APÊNDICE A

```
function varargout =
CrosscorrelationSpeckle(varargin)
% UNTITLED2 MATLAB code for untitled2.fig
% UNTITLED2, by itself, creates a new UNTITLED2 or
raises the existing one
% singleton*.
%
%      H = UNTITLED2 returns the handle to a new
UNTITLED2 or the handle to
%      the existing singleton*.
%
%
UNTITLED2('CALLBACK',hObject,eventData,handles,...)
calls the local
%      function named CALLBACK in UNTITLED2.M with
the given input arguments.
%
%      UNTITLED2('Property','Value',...) creates
a new UNTITLED2 or raises the
%      existing singleton*.  Starting from the
left, property value pairs are
%      applied to the GUI before
untitled2_OpeningFcn gets called.  An
%      unrecognized property name or invalid value
makes property application
%      stop.  All inputs are passed to
untitled2_OpeningFcn via varargin.
%
%      *See GUI Options on GUIDE's Tools menu.
Choose "GUI allows only one
%      instance to run (singleton)".
%
% See also: GUIDE, GUIDATA, GUIHANDLES

% Edit the above text to modify the response to
help untitled2
```

```
    % Last Modified by GUIDE v2.5 03-Jun-2015 10:29:43

    % Begin initialization code - DO NOT EDIT
    gui_Singleton = 1;
    gui_State = struct('gui_Name',          mfilename,
...
                       'gui_Singleton',
gui_Singleton, ...
                       'gui_OpeningFcn',
@untitled2_OpeningFcn, ...
                       'gui_OutputFcn',
@untitled2_OutputFcn, ...
                       'gui_LayoutFcn',  [] , ...
                       'gui_Callback',   []);
    if nargin && ischar(varargin{1})
        gui_State.gui_Callback                       =
str2func(varargin{1});
    end

    if nargout
        [varargout{1:nargout}]                       =
gui_mainfcn(gui_State, varargin{:});
    else
        gui_mainfcn(gui_State, varargin{:});
    end
    % End initialization code - DO NOT EDIT


    % --- Executes just before untitled2 is made
visible.
    function untitled2_OpeningFcn(hObject, eventdata,
handles, varargin)
    % This function has no output args, see OutputFcn.
    % hObject    handle to figure
    % eventdata  reserved - to be defined in a future
version of MATLAB
    % handles    structure with handles and user data
(see GUIDATA)
```

```
    % varargin   command line arguments to untitled2
(see VARARGIN)

    % Choose default command line output for untitled2
    handles.output = hObject;

    % Update handles structure
    guidata(hObject, handles);

    % UIWAIT makes untitled2 wait for user response
(see UIRESUME)
    % uiwait(handles.figure1);


    % --- Outputs from this function are returned to
the command line.
    function varargout = untitled2_OutputFcn(hObject,
eventdata, handles)
    % varargout  cell array for returning output args
(see VARARGOUT);
    % hObject    handle to figure
    % eventdata  reserved - to be defined in a future
version of MATLAB
    % handles    structure with handles and user data
(see GUIDATA)

    % Get default command line output from handles
structure
    varargout{1} = handles.output;


    % --- Executes on button press in pushbutton1.
    function pushbutton1_Callback(hObject, eventdata,
handles)
    axes(handles.axes1)
    [FileName, PathName] = uigetfile( '*.bmp;*.jpg' ,
'MultiSelect' , 'on' );
    if FileName~=0
        % Formation of the full path to the file
    FullName = [PathName FileName];
```

```
% Reading an image from a graphic file
    global Pict;
Pict = imread( FullName);
    imshow( Pict)
% figure, imhist( Pict);

end

% hObject    handle to pushbutton1 (see GCBO)
% eventdata  reserved - to be defined in a future
version of MATLAB
% handles    structure with handles and user data
(see GUIDATA)


% --- Executes on button press in pushbutton2.
function pushbutton2_Callback(hObject, eventdata,
handles)
axes(handles.axes2)
[FileName, PathName] = uigetfile('*.bmp;*.jpg',
'MultiSelect', 'on');
if FileName~=0
    % Formation of the full path to the file
FullName = [PathName FileName];
    % Reading an image from a graphic file
    global Pict2;
Pict2 = imread( FullName);
    imshow( Pict2)
% figure, imhist( Pict2);

end
% hObject handle to pushbutton2 (see GCBO)
% eventdata reserved - to be defined in a future
version of MATLAB
% handles    structure with handles and user data
(see GUIDATA)


% --- Executes on button press in pushbutton3.
function pushbutton3_Callback(hObject, eventdata,
handles)
```

```
%axes(handles.axes4)
global Pict
global Pict2
% rect_onion=[163 47 143 151];
% rect_peppers=[163 47 143 151];
% sub_onion=imcrop(Pict,rect_onion);
% sub_peppers=imcrop(Pict2,rect_peppers);

c=normxcorr2(Pict(:, :, 1), Pict2(:, :, 1));
figure,surf(c), shading flat;
figure, plot(c)


% --- Executes on button press in pushbutton4.
function pushbutton4_Callback(hObject, eventdata, handles)
global Pict
global Pict2
rect_onion=[163 47 143 151];
rect_peppers=[163 47 143 151];
sub_onion=imcrop(Pict,rect_onion);
sub_peppers=imcrop(Pict2,rect_peppers);
c=normxcorr2(sub_onion(:, :, 1), sub_peppers(:, :, 1));
figure,surf(c), shading flat
figure, plot(c);
% hObject    handle to pushbutton4 (see GCBO)
% eventdata  reserved - to be defined in a future version of MATLAB
% handles    structure with handles and user data (see GUIDATA)


% --- Executes on mouse press over axes background.
function axes1_ButtonDownFcn(hObject, eventdata, handles)
% hObject    handle to axes1 (see GCBO)
% eventdata  reserved - to be defined in a future version of MATLAB
```

```
% handles    structure with handles and user data
(see GUIDATA)


% --- Executes on button press in pushbutton6.
function pushbutton6_Callback(hObject, eventdata,
handles)
axes(handles.axes3)
global Pict
global Pict2
Iq=imsubtract(Pict,Pict2);
 imshow(Iq);
% hObject    handle to pushbutton6 (see GCBO)
% eventdata  reserved - to be defined in a future
version of MATLAB
% handles    structure with handles and user data
(see GUIDATA)




% hObject    handle to listbox1 (see GCBO)
% eventdata  reserved - to be defined in a future
version of MATLAB
% handles    structure with handles and user data
(see GUIDATA)

% Hints: contents = cellstr(get(hObject,'String'))
returns listbox1 contents as cell array
%        contents{get(hObject,'Value')} returns
selected item from listbox1


% --- Executes during object creation, after
setting all properties.



% --- Executes on button press in pushbutton7.
```

```
function pushbutton7_Callback(hObject, eventdata, handles)
axes(handles.axes1)
global Pict;
Pict = rgb2gray(Pict);
 imshow(Pict);
J = dct2(Pict);
% hObject    handle to pushbutton7 (see GCBO)
% eventdata  reserved - to be defined in a future version of MATLAB
% handles    structure with handles and user data (see GUIDATA)


% --- Executes on button press in pushbutton8.
function pushbutton8_Callback(hObject, eventdata, handles)
axes(handles.axes2)
global Pict2;
Pict2 = rgb2gray(Pict2);
 imshow(Pict2);
J = dct2(Pict2);
% figure; imshow(log(abs(J)),[]),  colorbar

% hObject    handle to pushbutton8 (see GCBO)
% eventdata  reserved - to be defined in a future version of MATLAB
% handles    structure with handles and user data (see GUIDATA)


% --- Executes on button press in pushbutton10.
function pushbutton10_Callback(hObject, eventdata, handles)
axes( handles.axes1)
global Pict;
level = graythresh(Pict);
%The example demonstrates the binarization of a halftone image
% by brightness threshold.
%Reads an image and displays it on the screen.
```

```
    %Binarization by threshold automatically
    % and output the resulting binary image to the
screen.
    Pict=im2bw(Pict, level);
    eul = bweuler(Pict,8)

     imshow(Pict);




    % hObject    handle to pushbutton10 (see GCBO)
    % eventdata  reserved - to be defined in a future
version of MATLAB
    % handles    structure with handles and user data
(see GUIDATA)


    % --- Executes on button press in pushbutton11.
    function           pushbutton11_Callback(hObject,
eventdata, handles,BW2)
    axes(handles.axes2)
    global Pict2;
    level = graythresh(Pict2);
    %The example demonstrates the binarization of a
halftone image
    % by brightness threshold.
    %Reads an image and displays it on the screen.
    %Binarization by threshold automatically
    % and output the resulting binary image to the
screen.
    Pict2=im2bw(Pict2, level);


    eul = bweuler(Pict2,8)
     imshow( Pict2);
    % hObject handle to pushbutton11 (see GCBO)
    % eventdata reserved - to be defined in a future
version of MATLAB
    % handles structure with handles and user data (see
GUIDATA)
```

```
% --- Executes on button press in pushbutton13.
function pushbutton13_Callback(hObject,
eventdata, handles)

% main function

% open the main window integral
% open the method dialog box
h=open( 'second.fig' );
% pointers to method window objects are written to
the handles_ method structure


% hObject handle to pushbutton13 (see GCBO)
% eventdata reserved - to be defined in a future
version of MATLAB
% handles structure with handles and user data
(see GUIDATA)


% --------------------------------------------------
---------------------


% --- Executes on button press in pushbutton15.
function pushbutton15_Callback(hObject,
eventdata, handles)
global Pict
global Pict2
figure,imhist(Pict)
D=xcorr2(DOUBLE(Pict),DOUBLE(Pict2))
figure, imxhow(D)
% Pict= im2uint8(Pict);
% Pict2= im2uint8(Pict2);
% k=fft2(Pict);
% figure,imshow(k);
% Y=conv2(Pict,Pict2);
% figure, imshow(Y);

% hObject    handle to pushbutton15 (see GCBO)
```

```
    % eventdata  reserved - to be defined in a future
version of MATLAB
    % handles    structure with handles and user data
(see GUIDATA)
```

CONCLUSÃO

No âmbito desta tese, foi desenvolvido um algoritmo inovador para analisar meticulosamente imagens de speckle obtidas na sequência da dispersão de um feixe laser numa substância finamente dispersa. O algoritmo proposto para a avaliação de mapas de speckle de entidades biológicas não só facilita a caraterização de micro-entidades como também estende a sua utilidade a espécimes biológicos. O modelo de laboratório concebido neste estudo utiliza uma versão simplificada da configuração ótica para captar imagens da amostra em análise.

Criado com precisão, este algoritmo facilita a análise das imagens e a integração perfeita dos resultados na base de dados. Após a recolha de dados estatísticos a partir destas imagens, são identificados pontos salientes para facilitar a análise posterior das imagens. O desenvolvimento do software SpeckleAnalyzer, concebido para o processamento de imagens, foi efectuado utilizando o MATLAB R2014a, melhorando a precisão das medições através do processamento computacional das imagens adquiridas.

Este módulo incorpora a execução da correlação cruzada entre duas imagens, abrindo caminho para esforços subsequentes centrados na implementação completa de um algoritmo de análise de imagem. Esta abordagem é promissora para uma avaliação rápida ou preliminar do sangue de um paciente.

REFERÊNCIAS

1. Travis S. Introduction to Laser Science and Engineering. CRC Press. agosto de 2019. 299 P.
2. Azadgoli B, Baker RY. (2016). Aplicações de laser em cirurgia. Ann Transl Med; 4:452. doi: 10.21037/atm.2016.11.51
3. Tuchin V. Lasers e fibras ópticas na investigação biomédica. Traduzir do russo. LitRes. 20 de dezembro de 2018. 438 P.
4. Azadgoli B, Baker RY. (2016). Aplicações de laser em cirurgia. Ann Transl Med; 4:452. doi: 10.21037/atm.2016.11.51
5. Norris R. The Physiology and Pathology of the Blood (Fisiologia e Patologia do Sangue). Hansebooks GmbH. (2017). 388 P.
6. Blann A. & Ahmed N. Princípios e Patologia da Ciência do Sangue. Wiley, 2 de janeiro de 2014. 560 P.
7. Shakhno A. Bases físicas da utilização de lasers em medicina. Traduzido do russo. Livro de texto de São Petersburgo. 2012. 120 P.
8. Anna N., Ilya V., Thomas G., e Hans-Joachim S. 1999.Influence of the scattering phase function approximation on the optical properties of blood determined. Journal of Biomedical Optics, 4(1), 47-53. doi: org/10.1117/1.429920
9. Eremeev V. Efeito seletivo da radiação laser IR de baixa intensidade nos glóbulos vermelhos. Traduzir do russo. Em Lasers e medicina: Relatório de resumo da Conferência Internacional. 1989.70 P.
10. Joseph W. Speckle Phenomena in Optics: Theory and Applications. Roberts & Company. (2007). 387 P.
11. Hector J & Roberto A. Dynamic Laser Speckle and Applications. CRC Press. 3 de outubro de 2018. 282 P.

12. William H. Aplicações dos fenómenos de speckle. Sociedade de Engenheiros de Instrumentação Foto-ótica. 1980. 166 P.
13. Sirohi R. Speckle Metrology. CRC Press. 2020. 568 P.
14. Hector R., Roberto A., e Braga J. Dynamic Laser Speckle and Applications. CRC Press. 2018. 282 P.
15. Guillermo H. Advances in Speckle Metrology and Related Techniques (Avanços na Metrologia do Mancha e Técnicas Relacionadas). Wiley. 2011. 327 P.
16. Robert J. e Catherine W. Holographic and Speckle Interferometry. Cambridge University Press. 1989. 353 P.
17. Jenkins F. e White H. Fundamentals of Optics. McGraw-Hill. 1950 .647 P.
18. Argyle R. Observing and Measuring Visual Double Stars (Observação e medição de estrelas duplas visuais). Springer Nova Iorque. 2012. 419 P.
19. Meyer R. Binary Star Speckle Photometry and Astrophysical Implications (Fotometria de manchas de estrelas binárias e implicações astrofísicas). Universidade de Yale. 2002. 470 P.
20. Nikita A. Speckle Photography for Fluid Mechanics Measurements (Fotografia de manchas para medições de mecânica dos fluidos). Springer Berlin Heidelberg. 9 de março de 2013. 244 P.
21. William H. Aplicações dos fenómenos de speckle. Sociedade de Engenheiros de Instrumentação Foto-ótica. 1980. 166 P.
22. Berezyuk. M, Maksymenko O, Tkachenko V e Sanahurskyi D. April (2013). Alguns aspectos do estudo do tecido muscular in vitro por correlação espaço-temporal de manchas. BIOLOGICHNI STUDII /

STUDIA BIOLOGICA. Traduzir da língua ucraniana. Vol 7, No 1. doi: 10.30970/sbi.0701.263

23. Pushkareva E. Métodos de modelação matemática na ótica dos tecidos biológicos. Traduzir do russo. um livro didático. São Petersburgo: Universidade Estatal de São Petersburgo ITMO. 2008. 103 P.

24. Jianwen L. e Elisa E. 2010. Um método rápido de cálculo de correlação cruzada normalizada para estimativa de movimento. IEEE. Transacções em Ultrassónicos, Ferroeléctricos e Controlo de Frequência. 75:6. doi: 10.1109/TUFFC.2010.1554

MIX
Papier aus verantwortungsvollen Quellen
Paper from responsible sources
FSC® C105338

Printed by Books on Demand GmbH, Norderstedt / Germany